AGRICULTURE FRANÇAISE.

DÉPARTEMENT DES HAUTES-PYRÉNÉES.

AGRICULTURE

FRANÇAISE,

PAR MM. LES INSPECTEURS DE L'AGRICULTURE.

PUBLIÉ

D'APRÈS LES ORDRES DE M. LE MINISTRE

DE L'AGRICULTURE ET DU COMMERCE.

DÉPARTEMENT DES HAUTES-PYRÉNÉES.

Scribitur ad narrandum.

PARIS.

IMPRIMERIE ROYALE.

M DCCC XLIII.

AGRICULTURE

DU DÉPARTEMENT

DES HAUTES-PYRÉNÉES.

SITUATION GÉOGRAPHIQUE

DU DÉPARTEMENT.

Le département des Hautes-Pyrénées, formé de l'ancienne Bigorre, est un département frontière, région du sud-ouest. Il est borné au nord par le département du Gers; à l'ouest, par celui des Basses-Pyrénées; à l'est, par le département de la Haute-Garonne, et au sud, par l'Espagne. Sa configuration est celle d'un carré oblong irrégulier, dans le sens du nord au sud, et se terminant en pointe du côté du nord.

Sa plus grande longueur, du nord au

midi, comprend 10 myriamètres; sa largeur moyenne, de l'est à l'ouest, est de 6 myriamètres 7 kilomètres; sa circonférence embrasse 14 myriamètres environ.

SOL.

La surface du département des Hautes-Pyrénées est très-variée, elle présente de hautes montagnes, des montagnes secondaires, des coteaux, des vallées, de grandes plaines et de vastes plateaux. On peut la rapporter à trois régions principales : celle des montagnes proprement dites, celle des coteaux et celle de la plaine; chacune d'elles se rattache aux autres par des gradations successives. Sauf un petit nombre d'exceptions, les plus grandes hauteurs avoisinent la crête centrale des Pyrénées, et les monts, en général, sont d'autant moins élevés, qu'ils s'éloignent davantage de cette crête. Aux points où débouchent les vallées, il n'est pas rare de voir encore des montagnes s'élancer et s'étendre plus ou moins loin, comme autant de prolongements des versants latéraux; les chaînons, en se rapprochant et s'écartant par intervalles, forment tantôt d'étroits défilés, tantôt des vallées spacieuses livrées à la culture.

La région de montagnes comprend près des deux tiers de la surface totale du département, la région des plaines est la moins considérable.

Les régions se distribuent de la manière suivante :

Les arrondissements d'Argelès et de Bagnères renferment exclusivement les montagnes; les plus nombreuses et les plus élevées se trouvent dans celui d'Argelès, composé de montagnes, de gorges et de vallées. L'arrondissement de Bagnères se divise en montagnes et vallées, il est borné au nord par le grand rameau qui se détache de la chaîne principale des Pyrénées pour former comme une sorte de muraille entre la région des plaines et celle de la montagne.

L'arrondissement de Tarbes possède les plaines proprement dites; les coteaux environnants les partagent en grands bassins, presque toujours dominés par des plateaux ; cette configuration spéciale des arrondissements assigne à chacun d'eux un sol et un climat très-différents, et, par suite, entraîne une distinction marquée entre leurs habitudes agricoles.

Considéré géologiquement, le département des Hautes-Pyrénées offre une grande richesse de terrains. D'après les travaux de MM. Élie de Beaumont et Dufrénoy, les cantons de Maubourguet, de Vic-Bigorre; une partie de Rabastens, Tarbes; la commune d'Ibos, sont des terrains d'alluvion appartenant aux dépôts postérieurs aux dernières dislocations du sol. Une partie du canton de Rabastens, les cantons de Castelnau, Rivière-Basse, Ponyastruc, Trie, Tournay, Castelnau-Magnoac, Mauléon-Magnoac, Galan, Lannemezan, La Barthe de Nestes, Saint-Pé et Ossun dépendent du terrain tertiaire supérieur (pliocènes). Lourdes, Bagnères-de-Bigorre, Esparros, Hèches sont classés dans le terrain crétacé inférieur (grès vert supérieur). Aucun, Argelès, Beaucens, Campan, Sainte-Marie, Ancizan, Vieille, Aragnouet, la vallée de Louron, Saint-Lary, Luz, Cauteretz, le Pic-du-Midi font partie des terrains de transition. Gavarnie, Gèdre, Néouvielle, le Pic-de-Bergons, Bordères, appartiennent aux terrains cristallisés (granite). Le grès bigarré se rencontre à Arreau et à Serrancolin ; enfin, çà et là, notamment près de Saint-Pé, d'Aucun, de Lourdes, de Pouzac et de Bagnères, on trouve des traces de terrains volcaniques.

Étudié sous le point de vue agricole, le département des Hautes-Pyrénées fournit plusieurs natures de sols ; leur connaissance est nécessaire pour apprécier les divers modes de culture usités dans le pays.

ARRONDISSEMENT DE TARBES.

Depuis Tarbes jusqu'à Maubourguet, en passant par Vic, la couche arable du delta formé par l'Échez et l'Adour se compose d'un sable gras d'une haute fertilité. Le sous-sol commence à un mètre environ de la surface, et consiste en galets roulés. L'argile domine sur les coteaux. Au sud et à l'est de l'Adour, le sous-sol contient des cailloux roulés, empâtés dans une terre argileuse fortement imprégnée d'oxyde de fer. Dans cette partie du département, les récoltes sont sujettes à être *dénudées*; aussi prévient-on cet inconvénient en creusant, de distance en distance, des fossés, où vient se rendre la terre végétale enlevée aux coteaux ; on la reporte sur les hauteurs à l'aide de tombereaux et de brouettes.

Les terres situées à l'ouest de l'Adour constituent d'excellents fonds; la chaleur, loin de nuire aux récoltes confiées à ce sol, leur est très-favorable. Il n'en est pas de même à l'est de la rivière : les terres qu'on y rencontre sont plus caillouteuses, et, par suite, souffrent davantage de la sécheresse.

Les bonnes terres situées entre l'Échez et l'Adour offrent cette particularité remarquable, que, le lendemain même d'une forte pluie, on peut y faire entrer la charrue. On ne saurait en user ainsi sans inconvénient dans les autres sols de l'arrondissement, la plaine de Tarbes exceptée.

Les principaux objets de culture, dans les cantons de Tarbes et de Vic, sont : le froment, le maïs, le farouch et la vigne ; l'avoine entre aussi dans les assolements. Les prés sont toujours en dehors de la rotation.

La plupart des terres du canton de Maubourguet sont plus fortes que celles du canton de Vic ; on y retrouve le même sous-sol de galets roulés ; la couche arable y est encore plus pierreuse. Cette terre porte du froment, du maïs, du trèfle et quelque peu de vigne.

A droite et à gauche de la route qui conduit de Maubourguet à Castelnau-Rivière-Basse s'étendent des terres argileuses très-profondes. Cette nature de sol, difficile à cultiver, souffre beaucoup des longues pluies; elle se crevasse pendant les grandes chaleurs et s'ameublit par la gelée. Bien traitées, c'est-à-dire labourées profondément, suffisamment fumées, et surtout égouttées avec soin, elles constituent les meilleures terres à blé de tout l'arrondissement, conjointement avec celles des environs de Rabastens. Les coteaux qui bordent la plaine, à gauche, sont argilo-calcaires; ils sont plantés en vignes et en châtaigniers.

Les terres du plateau de Castelnau-Rivière-Basse sont très-fortes; l'argile tenace les caractérise. La couche arable, assez épaisse, repose sur une roche de grès, au-dessous de laquelle gisent des bancs de marne calcaire. Le blé, la vigne, le maïs forment les principales cultures de ce pays.

Le sol du canton de Rabastens et de Saint-Sever offre une grande analogie avec celui du canton de Castelnau-Rivière-Basse; l'argile y domine. Compacte dans un grand nombre de localités, elle rend les cultures difficiles; dans quelques autres plus favorisées, comme près de Rabastens, elle perd une partie de sa tenacité, et devient alors une excellente terre à froment, ni trop sèche ni trop humide. La couche arable varie de profondeur : dans plusieurs terrains, elle a de 30 à 40 centimètres d'épaisseur; chez le plus grand nombre, elle n'excède pas 24 centimètres. Sur les coteaux, on rencontre surtout une argile marneuse difficile à traiter; la sécheresse y compromet souvent les récoltes de printemps. Le blé y vient bien et donne des produits de bonne qualité.

Le canton de Rabastens possède, en plusieurs endroits, des bancs de marne calcaire,

situés à moins de deux mètres au-dessous de
la surface du sol. Son application à la couche
arable corrigerait en peu de temps les défauts
·du sol, surtout si l'on faisait marcher de front
son emploi et l'application des engrais.

Les terres de Pouyastruc sont argileuses,
mêlées de calcaire; elles retiennent l'eau avec
force et acquièrent la dureté du roc, pour peu
que la sécheresse se fasse sentir pendant quelque temps.

La plaine de Tarbes offre une terre siliço-
argileuse profonde, parfaitement noire, plus
ou moins mélangée de cailloux, facile à travailler en tout temps, de bonne qualité, mais
sujette à souffrir des sécheresses. Le sous-sol
résulte d'un amas de cailloux roulés; suivant
qu'il se trouve plus ou moins rapproché de
la surface, il accroît ou diminue les inconvénients d'une terre essentiellement légère :

Ibos, Ossun, Laloubère, Saint-Martin, etc. appartiennent à cette riche plaine; le blé, le maïs, les haricots, le farouch, l'avoine et la vigne, forment les branches capitales de sa culture. On trouve que cette nature de terrain exige peu d'engrais à la fois, mais il faut qu'ils soient souvent répétés; beaucoup de cultivateurs sont dans l'usage d'y fumer, chaque année, toutes leurs récoltes.

Le canton de Tournay possède deux sols bien tranchés. Les terres de la plaine sont argileuses, compactes, et leur couche arable ne dépasse pas 32 centimètres de profondeur; celles des coteaux sont argilo-calcaires. Les premières laissent le cultivateur à la merci des intempéries de l'atmosphère : vient-il à pleuvoir pendant deux jours, on ne peut les aborder avant qu'une semaine de beau temps ne les ait ressuyées; par la sécheresse, elles se durcissent au point de résister à toute espèce d'instruments. Les terres de la seconde catégorie, au contraire, s'ameublissent aisément par la gelée et supportent beaucoup mieux la sécheresse et l'humidité ; les plantes y sont moins sujettes à se déchausser. Du côté du nord, les terres de ce canton ont une couche arable très-profonde ; il n'y a de différence entre la surface et le sous-sol, que celle résultant de l'action de l'air, des engrais et de la culture ; la nature du terrain y est homogène jusqu'à quatre ou cinq mètres de profondeur. En tirant vers Bagnères-de-Bigorre, les galets roulés reparaissent dans le sous-sol ; la couche arable ne s'étend pas au delà de 25 à 3o centimètres l'épaisseur.

La plupart des terres du canton de Galan sont argileuses ; le tuf se trouve à 32 centimètres environ au-dessous de la surface du sol. On aime, dans ce canton, que l'hiver soit sec et assez rigoureux ; la terre se trouve

alors beaucoup mieux ameublie par les gelées, que si on lui eût donné plusieurs labours ; les longues pluies et les sécheresses
continues sont très-préjudiciables aux récoltes
de cette localité. Sol éminemment propre au
blé, au trèfle, aux fèves.

Les terres des cantons de Castelnau-Magnoac et de Trie diffèrent peu de celles de
Galan ; c'est la même nature argileuse, plus
ou moins tenace, suivant les localités ; on y
rencontre aussi quelques terres blanches et
des terrains marécageux ; le sous-sol contient
beaucoup de cailloux et d'oxyde de fer.

ARRONDISSEMENT DE BAGNÈRES.

La plus grande partie des terres arables
de cet arrondissement appartient aux vallées ;
leur formation reconnaît pour causes la dé-

composition des roches et l'atterrissement successif des débris des montagnes.

Les vallées des Hautes-Pyrénées revêtent différents caractères qui leur sont propres.

Toutes les grandes vallées sont transversales; elles naissent près d'un col, sur le faîte de la chaîne centrale, et, en se dirigeant du sud au nord, elles forment un angle presque droit avec la direction de la chaîne ; telles sont, entre autres, les vallées d'Aure, d'Argelès, d'Aucun, de Luz, etc.

Toutes les vallées des Hautes-Pyrénées présentent une suite de bassins et d'étranglements depuis leur origine jusqu'au point où elles aboutissent. Dans les bassins, c'est-à-dire là où les vallées sont plus évasées, la pente du sol est assez douce, quelquefois même presque plane; la rivière y coule avec lenteur et souvent en serpentant; dans les étranglements, c'est-à-dire chaque fois que la vallée est enfermée dans une double chaîne de montagnes très-rapprochées, la pente est très-inclinée, et les eaux la franchissent avec impétuosité [1].

Dans la partie supérieure du plus grand nombre des vallées, les bassins sont considérablement élevés les uns au-dessus des autres; cette élévation a lieu ordinairement par un passage très-brusque, soit par un escarpement de rochers, soit par un plan incliné très-rapide. Il résulte de là, que les vallées, au lieu d'offrir une pente égale, présentent, au contraire, des ressauts et s'élèvent, comme par étages, au faîte des montagnes; ce caractère est manifeste dans les vallées d'Argelès,

[1] De Charpentier, *Constitution géognostique des Pyrénées.*

de Luz, de Barèges, du Coumélie, d'Ibos,
de Gavarnie et de Cauteretz.

Les renflements des régions supérieures
des vallées renferment fréquemment un ou
plusieurs lacs, dont l'étendue est ordinairement proportionnée aux dimensions du bassin. Les bassins mêmes, qui aujourd'hui ne
sont arrosés que par la rivière qui les traverse, présentent néanmoins très-souvent des
indices certains de l'existence d'anciens lacs
dont ils formaient l'enceinte; leur sol, souvent marécageux et tourbeux, en est une des
preuves les plus évidentes.

La réunion de différentes vallées et gorges
à une autre vallée n'a lieu que dans les endroits où celle-ci forme un bassin. C'est principalement dans la partie inférieure d'une
vallée que l'on rencontre les bassins les plus
grands; à leur naissance, les vallées sont or-

dinairement si resserrées, que le Gave occupe en entier le sol.

Les montagnes qui bordent une vallée ne s'élèvent que rarement en pente continue jusqu'à leur cime; elles forment ordinairement plusieurs pentes fortement inclinées, dont chacune est suivie d'un plateau plus ou moins horizontal. Le nombre et l'étendue de ces escarpements et des plateaux varient, ils dépendent surtout de l'élévation de la montagne et de la nature de la roche.

L'étranglement plus ou moins considérable des vallées, d'où résulte le plus ou moins d'insolation dont elles sont frappées, et la hauteur respective des montagnes qui leur servent de ceinture, modifient singulièrement leur fertilité. C'est ainsi qu'il faut expliquer la supériorité des produits agricoles de la vallée d'Aure sur ceux de la vallée de

Louron. La richesse des récoltes qu'on obtient dans les vallées d'Argelès, d'Aucun et de Bagnères, provient des mêmes avantages. Partout où l'air et la lumière circulent librement, et surtout séjournent longtemps, les productions du sol acquièrent plus de qualité. Cette influence se fait sentir jusque sur le foin des prés. Dans les vallées étroites, l'herbe, plus aqueuse et moins aromatique, n'a pas la vertu nutritive de celle mûrie par le soleil; les animaux profitent bien mieux de cette dernière sorte d'herbe. On trouve qu'à volume égal, elle stimule davantage leur estomac, et, par suite, favorise la digestion.

Le bassin de Bagnères se trouve enfermé entre deux lignes de coteaux qui, vers l'est, font place à de hautes montagnes ; le pic du Midi le borne du côté du sud. Le sol de ce canton ressemble beaucoup à celui de la plaine

2.

de Tarbes dont il est, en quelque sorte, la continuation; on y retrouve le même mélange de silice et d'argile à couche plus ou moins épaisse; on y observe aussi les mêmes productions : blé, maïs et prairies; le blé, cependant, n'y réussit pas aussi bien qu'auprès de Tarbes; il est assez sujet à se déchausser lorsque l'hiver amène une série de gels et dégels. En revanche, les terres des coteaux sont tout à fait propres à la culture de cette céréale; l'argile marneuse forme leur base, elle est mêlée d'oxyde de fer dans beaucoup d'endroits ; le sous-sol contient une grande quantité de galets roulés.

Dans le canton de La-Barthe, le sol de la vallée a peu de profondeur; la couche arable ne dépasse pas 16 centimètres; au-dessous se trouve une argile mêlée de pierres, suivie d'une argile compacte qui retient l'eau : tout ce qui n'est pas arrosé souffre beaucoup de la sécheresse ; les terres sont noyées quand il a plu pendant quelque temps ; dans cette espèce de sol les récoltes sont souvent déchaussées par les gelées.

Le plateau de Lannemezan est un sol de landes, espèce de sable noirâtre très-léger, laissant filtrer l'eau et se soulevant avec une grande facilité dans le temps des gelées. Du côté de Bagnères-de-Bigorre, la couche arable ne manque pas de fond ; en tirant vers le nord, du côté de Galan, c'est à peine si elle a quelques centimètres d'épaisseur. Les pommes de terre, le seigle, l'avoine sont à peu près les seules récoltes qu'on obtienne dans cette terre ingrate ; avec de la marne, le trèfle, le maïs et le blé y réussissent.

L'argile reparaît à Mauléon-en-Barousse ; cette longue suite de coteaux accidentés est surtout consacrée à la culture du froment et

de la vigne. Les terres y souffrent beaucoup
de l'humidité et d'une chaleur prolongée,
défauts qu'on pourrait atténuer, en partie, à
l'aide de labours profonds, de saignées et de
fossés couverts.

ARRONDISSEMENT D'ARGELÈS.

Les vallées de l'arrondissement d'Argelès
ont une formation semblable à celle des vallées de l'arrondissement de Bagnères; partout elles doivent leur origine à des atterris-
sements que les débris des montagnes voisines
rendent plus considérables chaque année. Le
sol varie de profondeur. Dans certaines parties
de la vallée d'Argelès, la couche arable n'a
pas moins d'un mètre d'épaisseur; dans d'autres endroits, elle est très-superficielle et
plus ou moins mêlée de sable et de roches
granitiques décomposées.

Les terres les plus fertiles de cet arrondissement sont celles des cantons d'Argelès, de Luz et d'Aucun : leur valeur est en raison directe de la quantité plus ou moins considérable d'argile qu'elles contiennent. En général, on se plaint de leur trop grande porosité ; elles souffrent beaucoup de la sécheresse quand on ne peut les soumettre à l'irrigation. Le blé, l'orge, le maïs, les haricots, les pommes de terre, le lin, le trèfle incarnat, le sarrasin et le foin des prairies sont les principaux produits qu'on y récolte.

La nature du terrain diffère dans le canton de Lourdes. Le sol, siliço-argileux, comme celui de la plaine de Tarbes, est plus léger que ce dernier ; les sécheresses prolongées lui sont très-contraires ; cet inconvénient, toutefois, se fait peu sentir à cause des rosées abondantes que procure le voisinage des montagnes ; elles suppléent aux pluies fré-

quentes que réclame cette espèce de terrain.
Les parties de ce canton où séjournent des
eaux stagnantes, sont affectées à la production de fourrages grossiers et à celle de l'a-
voine.

Dans le canton de Saint-Pé, les terres de
la plaine sont argilo-siliceuses et d'excellente
qualité ; celles des coteaux contiennent une
forte proportion d'argile compacte qui rend
leur culture très-difficile ; dans cette contrée
resserrée entre les montagnes et le Gave, on
cultive surtout le seigle, le maïs et le trèfle :
les terres des coteaux sont regardées comme
meilleures pour le froment ; on préfère celles
de la plaine, comme plus chaudes, pour le
maïs.

En résumant sous un point de vue général
les différences qui séparent les terres des
divers cantons du département des Hautes-

Pyrénées et les analogies qui les rapprochent les unes des autres; on peut ranger tous les sols de cette contrée sous trois grandes classifications : à la première, caractérisée par l'argile plus ou moins tenace, appartiennent les cantons de Castelnau-Rivière-Basse, Maubourguet, Rabastens, Pouyastruc, Tournaÿ, Trie, Castelnau-Magnoac et Galan; la seconde catégorie renferme toutes les terres siliço-argileuses du département : tels sont les cantons de Tarbes, sud et nord, Vic-Bigorre, Lourdes, Saint-Pé, Argelès, Luz, Aucun, La-Barthe, Mauléon-en-Barousse, Nesier, Vielle, Arreau, Bagnères, Bordères et Campan. La troisième classe se distingue par son sol de landes; elle comprend la plus grande partie du canton de Lannemezan.

CLIMAT.

Le climat des Hautes-Pyrénées est extrêmement variable; non-seulement l'élévation des montagnes établit une différence sensible dans la température des régions qui les avoisinent, mais chaque abri dans les montagnes et les vallées fournit, pour ainsi dire, autant de climats particuliers et de cultures variées. Si les vallées ouvertes produisent du blé, du maïs, de la vigne, à mesure qu'elles se rétrécissent, on voit ces riches récoltes s'effacer par degrés, et faire place à des plantes d'une végétation plus robuste; ce phénomène est sensible à chaque pas. En veut-on un exemple frappant? Il suffit de suivre la ligne qui s'étend du bassin de Luz au cirque de Gavarnie; on trouvera cinq ou six climats différents dans ce court trajet. Les cultures de la plaine de Tarbes prospèrent aux environs de Sainte-Marie; à peine a-t-on fait quelques pas hors de l'enceinte du vallon, l'orge, l'avoine, le sarrasin occupent les coteaux de la vallée du Bastan; à Sassis, lieu abrité des vents du nord, on sème encore un peu de maïs; Esquièze et Serre cultivent le froment; à Sia, à Pragnères, la culture est presque exclusivement pastorale; Gèdre ne possède plus que l'orge, le seigle et les pommes de terre; au delà, on ne voit plus que des pâturages; ceux-ci s'étendent jusqu'à la limite des neiges éternelles. Il en est de même dans les vallées d'Argelès, d'Aucun, de Cauteretz et de Bagnères; à mesure qu'on s'élève sur les hauteurs, le cultivateur est obligé de renoncer à quelques-uns des produits de la plaine; la moindre différence d'exposition, de hauteur, d'inclinaison, d'humidité ou de sécheresse, diversifie les récoltes des terrains les plus rapprochés; c'est ainsi que dans la vallée de Campan, tandis que le sol de la vallée produit du blé, du maïs, de l'orge, le coteau qui regarde le nord se couvre de riches prairies, et celui qui reçoit les rayons du midi est frappé d'une complète stérilité.

Si l'on excepte les hautes vallées, où règnent exclusivement deux saisons, l'hiver et l'été, on peut dire, en général, que le climat des Pyrénées est très-doux. L'hiver y dure peu; le froid n'y sévit pas avec force; il tombe ordinairement peu de neige dans la partie inférieure des vallées et dans la plaine, et jamais elle n'y séjourne longtemps. L'été, en général, est chaud, quoique souvent contrarié par des orages qui refroidissent tout à coup la température et troublent, pendant des semaines entières, la sérénité de l'atmosphère. L'automne y est ordinairement fort belle. La végétation, dans les vallées ainsi que dans les bassins situés au pied des montagnes, présente un aspect remarquable, là surtout où les terres peuvent recevoir les bienfaits de l'irrigation; les chaleurs, loin de nuire à la végétation, l'activent avec force; elle se maintient dans un juste équilibre, grâce aux rosées abondantes des nuits; du reste, chaque

localité constitue, pour ainsi dire, un climat
à part : il varie suivant que le sol est plus ou
moins rapproché de la chaîne des Pyrénées.
Dans les cantons de Vic, Maubourguet et Castelnau-Magnoac, l'hiver est plutôt sec qu'humide ; la neige est assez fréquente, circonstance que les cultivateurs regardent comme
avantageuse pour les blés d'automne ; le printemps est souvent pluvieux, l'été sec ; les gelées
tardives causent souvent du tort aux récoltes
dans les terres légères de ces cantons ; la
vigne en souffre beaucoup ; les brouillards
sont assez fréquents le long de l'Échez et de
l'Adour ; la grêle y occasionne parfois de grands
ravages. Sur les coteaux de Rabastens, de Tric,
de Castelnau-Magnoac et de Pouyastruc, on
redoute beaucoup, pour la vigne et les prés,
les gelées tardives du printemps ; les brouillards ne règnent que dans les bas-fonds ; ils
nuisent aux céréales, et particulièrement à la
vigne lorsqu'ils la surprennent dans sa florai-

son. Ces cantons sont très-sujets à la grêle;
les pluies fréquentes coïncident souvent avec
l'époque de la floraison des céréales; elles oc-
casionnent alors l'avortement d'une partie des
grains. Le canton de Tournay est rarement
grêlé, mais il est sujet aux gelées tardives.
Dans la plaine de Tarbes, les communes situées au voisinage de la chaîne des Pyrénées,
comme Ibos, Ossun, sont exposées à des pluies
et à des gelées plus fréquentes que dans les
autres cantons; les récoltes y sont moins précoces que celles du canton de Vic. Le mois
de février est généralement beau dans ces
pays, mais il n'exerce pas d'action sensible sur
la végétation des plantes agricoles; les arbres
fruitiers seuls ouvrent leurs fleurs à la température adoucie de ce mois, aussi souffrent-
ils beaucoup des gelées tardives du printemps;
celles d'avril et de mai sont très-nuisibles;
en général on les craint jusqu'au 15 de mai.
Passé cette époque, il arrive parfois qu'il gèle

encore, mais ce sont des accidents extraordinaires. L'effet fâcheux des gelées tardives sur les récoltes n'est malheureusement que trop connu des cultivateurs des environs de la montagne; ils l'ont consacré par ce dicton : « Pousse « d'avril remplit le baril, pousse de mai remplit le chaix. » Il suit de là qu'on préfère les années tardives aux années précoces, les récoltes se trouvant ainsi à l'abri d'un grand fléau; mais elles restent toujours exposées à la grêle et aux orages. Les pluies de la fin de mai, assez fréquentes au voisinage des montagnes, sont regardées comme très-fâcheuses pour le seigle, sa floraison arrivant ordinairement à cette époque; elles favorisent, au contraire, la pousse de l'herbe et celle du maïs.

Dans la vallée d'Argelès, la température offre souvent trois saisons dans la même journée, mais il est rare que ce riche bassin soit grêlé. La neige couvre toutes les hauteurs depuis décembre jusqu'en mai ; elle s'arrête à 100 mètres au-dessus du sol cultivé. L'exposition particulière de cette vallée, fermée du côté du nord par les rameaux du premier plan des Pyrénées, et abrité à l'est et à l'ouest par une ceinture de montagnes boisées, la rend beaucoup plus chaude que les environs de Tarbes, ouverts à tous les vents ; on y compte, en général, trois ou quatre degrés de chaleur de plus que dans cette dernière localité. Les gelées tardives et les pluies tenaces du printemps y retardent d'abord la végétation ; mais, une fois ces obstacles levés, les plantes prennent un accroissement très-rapide.

A Lourdes, on se plaint beaucoup des gelées tardives ; la grêle y est rare. Les pluies les plus tenaces ont lieu en février et en mars. Les semailles d'automne sont ordinairement favorisées par un beau temps.

La vallée de la Neste est assez sujette à la grêle; elle a, de plus, à souffrir des pluies du printemps et de l'automne, qui durent parfois pendant un mois entier. Les pluies fines des mois de mai et de juin nuisent beaucoup aux récoltes, elles les font souvent verser.

Les vents, les orages, la pluie, la neige, la grêle, la foudre, en un mot tous les phénomènes atmosphériques, se succèdent dans les Pyrénées avec une rapidité étonnante et une inconstance remarquable, surtout dans les parties les plus élevées des montagnes.

Les vents dominant dans le département sont ceux de l'ouest et du sud-ouest : le premier amène la pluie; le second est souvent accompagné de grêle. Le vent du nord fixe le temps au beau; quand il souffle pendant l'hiver, le froid se fait sentir avec intensité.

D'une série d'observations recueillies pendant onze années consécutives, il résulte que, pendant ce laps de temps, la hauteur moyenne du baromètre a été de $0^m 753^{mm}$;

Sa plus grande hauteur s'est élevée à $0^m 763^{mm}$;

Sa plus petite hauteur a été de $0^m 703^{mm}$.

La hauteur moyenne du thermomètre, déduite de seize mille observations faites par M. Dangos, correspondant de l'Institut, a été de $12° 76$.

La plus grande élévation du thermomètre, pendant l'espace de onze années, a été de $37° 4$;

Son plus grand abaissement, de $15° 4$ au-dessous de zéro.

MONTAGNES.

Les montagnes élevées que possède le département méritent d'être prises en considération relativement à l'influence qu'elles
exercent autour d'elles. Chaque hiver elles se
couvrent de neige, et tant que celle-ci n'a
pas cédé à l'action du soleil, le froid qu'elles
projettent par rayonnement se fait sentir jusqu'à une assez grande distance dans la plaine
et ralentit la marche de la végétation. La plus
grande partie de cette neige, cependant, fond
chaque année, et alimente ainsi la plupart
des cours d'eau des Pyrénées. Les principaux
pics de ces montagnes sont presque tous
échelonnés sur la même ligne ; leur hauteur
relative au-dessus du niveau de la mer a été
fixée ainsi qu'il suit par MM. Reboul et
Vidal :

3.

Pic du Midi de Bigorre......... 3,012^m.
Pic de Bergons.............. 2,168
Pic de Néouvielle........... 3,238
Pic Long................. 3,336
Pic de Vignemale............ 3,444
Pic d'Arbizon.............. 2,961
Marboré................. 3,526

La limite des neiges éternelles, dans les Pyrénées est fixée par Ramond à 2700 et 2800 mètres. Les glaciers sont généralement relégués au sommet des plus hautes montagnes; jamais ils ne descendent dans les vallées, comme cela se voit en Suisse.

ROUTES ET COURS D'EAU.

ROUTES.

Depuis plusieurs années, l'administration locale a fait de nombreux sacrifices pour l'établissement et l'entretien de ses routes;

aussi ne peut-on que la louer de l'immense
service qu'elle a rendu, sous ce rapport, au
département. Il est impossible de voir des
travaux mieux entendus, plus sagement diri-
gés, et exécutés avec plus de soin, même au
milieu des montagnes : les obstacles de tout
genre ont disparu devant le zèle, la persévé-
rance et le patriotisme des habitants des
Hautes-Pyrénées.

Le département compte 13 routes, savoir :
5 routes royales et 8 routes départementales.

Les routes royales sont les suivantes :

N° 21. De Paris à Barèges et à Cauteretz, passant
par Rabastens, Tarbes, Lourdes, Arge-
lès, Luz, Barèges.
N° 117. De Perpignan à Bayonne.
N° 125. De Toulouse à Bagnères-de-Luchon et en
Espagne.

Nº 129. D'Auch eu Espagne, par Ancizan.

Nº 135. De Bordeaux à Bagnères-de-Bigorre, par
Tarbes, passant par Madiran, Maubour-
guet, Vic-Bigorre, Tarbes, Bagnères-de-
Bigorre et Campan.

Les routes départementales sont classées
ainsi qu'il suit :

Nº 1. De Toulouse à Tarbes, par Lombez, Boulogne
et Trie.

Nº 2. De Plaisance à Maubourguet, par Auriébas.

Nº 3. De Lannemezan à Bagnères-de-Bigorre, par
Mauvesin et Mérilhen.

Nº 4. De Bagnères-de-Bigorre à Pau, par Montgail-
lard, Escoubès et Lourdes.

Nº 5. De Tarbes au port de Cames, par Ossun et
Pontacq.

Nº 6. D'Auch à Pau, par Rabastens et Vic-Bigorre.

Nº 7. De Trie à Miélan.

Nº 8. De Bagnères-de-Bigorre à Bagnères-de-Luchon,
par Campan, Arreau et Montlaur.

COURS D'EAU.

Les montagnes servant de limite au département du côté du midi, et déversant au nord les eaux qui s'échappent, soit des sources, soit des glaciers, ou de la fonte des neiges, donnent naissance à un grand nombre de courants. Ceux-ci, après avoir parcouru un espace plus ou moins considérable, se perdent les uns dans les autres, et finissent par confondre leurs eaux dans deux fleuves, la Garonne et l'Adour, dont l'Océan reçoit, à son tour, le tribut.

Les courants qui versent leurs eaux dans le bassin de la Garonne, sont :

Le torrent de l'Ourse, le ruisseau de Nistos, la rivière de la Neste, la seule dans le département qui soit flottable depuis Saint-

Lary jusqu'à la Garonne ; elle recueille toutes les eaux provenant de la vallée de Louron et de la vallée d'Aure ; le ruisseau de la Save, qui devient rivière dans le département du Gers ; le ruisseau de la Gesse ; celui de la Gimonne ; le ruisseau du Gers ; celui de la Solle ; la rivière de Baïze-Devant ; le ruisseau de la Baïzolle et la rivière de Baïze-Darré.

Les courants qui versent leurs eaux dans le bassin de l'Adour, sont :

Le ruisseau de Bouès, la rivière de l'Arros, le ruisseau de l'Esteux, l'Adour, prenant sa source près du Tourmalet, et passant à Campan, Bagnères, Tarbes, Vic et Maubourguet. Depuis Tarbes jusqu'à la limite du département, c'est-à-dire pendant l'espace de 72 kilomètres, l'Adour reçoit la rivière de l'Échez et les ruisseaux de l'Ouet et de l'Esteux ; c'est la rivière la plus considérable du

département; son volume d'eau est singulièrement diminué par les nombreuses dériva-
tions qu'on lui a fait subir pour l'irrigation
des propriétés rurales. Toute l'eau dérivée
rentre de nouveau dans l'Adour, après avoir
fait mouvoir, en outre, des moulins, des
scieries et des usines. Après l'Adour, il faut
encore citer le ruisseau de Gabas, originaire
des landes d'Ossun; le ruisseau de l'Ousse,
et enfin le Gave de Barèges. Ce dernier torrent descend de la cascade même de Gavarnie, qu'alimentent les glaciers et les
neiges du Marboré; il traverse dans son trajet
Gavarnie, Gèdre, Pragnères, Luz, Nestalas,
Préchac, Argelès, Lourdes, Peyrouse et
Saint-Pé; il a près de 72 kilomètres de cours
dans le département des Hautes-Pyrénées, et
reçoit, chemin faisant, les Gaves d'Ossoue,
de Héas, de Pragnères, du Bastan, de Cauteretz, de Saint-Orens, d'Azun, du Nez, et le
trop plein du lac de Lourdes.

IMPORTANCE RELATIVE DES INDUSTRIES AGRICOLE ET COMMERCIALE.

Le département des Hautes-Pyrénées compte fort peu de manufactures et d'établissements industriels ; son principal commerce consiste dans l'échange des produits agricoles, aussi l'agriculture est-elle l'occupation presque exclusive de ses habitants. Le plus grand nombre des propriétaires exploitent leurs terres ; ils s'aident, pour cela, du concours des métayers ou de valets attachés à leur service. Ceux qui ne résident pas sur leur domaine rural habitent les villes ou les villages autour desquels leurs champs se trouvent placés, ce qui leur permet de visiter leurs récoltes plusieurs fois pendant la journée et de surveiller les travaux qu'ils font exécuter. Ces habitudes simples et actives de la vie des champs ne contribuent pas peu à conserver au département l'heureuse physionomie qui le caractérise. Si les grandes fortunes que produit le commerce y sont très-rares, par compensation l'œil n'est point attristé du contraste de l'opulence et de la misère. L'aisance ici est répandue dans toutes les classes de la société, chacun vit du bien qu'il cultive, et l'on n'a point à déplorer, comme dans le reste de la France, cette insuffisance de bras dont l'agriculture éprouve tant de préjudice. Il est vrai de dire que le genre de culture adopté dans les Hautes-Pyrénées facilite beaucoup l'exercice d'une profession regardée ailleurs comme très-pénible et très-assujettissante. Le blé, le maïs, la vigne, les prairies forment les principales productions du pays; il en résulte que les travaux sont parfaitement répartis à chaque saison, et qu'on n'est jamais foulé par l'encombrement de façons qu'il faut expédier sans retard. La douceur du climat permet, dans

beaucoup de localités, de ne commencer les
semailles que dans le courant de novembre
et de les continuer jusqu'en décembre ; dans
les premiers jours de mai on fauche le trèfle
incarnat ; vers la fin de ce mois on sème le
maïs ; à la Saint-Jean on fauche les prés ; au
commencement de juillet on coupe le blé ;
enfin, à l'automne ont lieu les vendanges : de
cette manière, le propriétaire peut surveiller
à loisir l'exécution de chaque opération, sans
renoncer, pour cela, à ses jouissances accoutu-
mées. Cette considération, à notre avis, suffi-
rait seule pour justifier les assolements suivis
dans le pays, encore qu'ils laissent quelque
perfectionnement à désirer. On a trop souvent perdu de vue en France que la présence
du propriétaire au milieu de ses champs était
un des moyens les plus puissants pour hâter
les progrès de l'agriculture en appelant l'attention des hommes intelligents sur cette
branche capitale de notre richesse nationale,

et, surtout, pour relever dans l'esprit public cette honorable profession.

POPULATION.

CONSTITUTION PHYSIQUE ET MORALE DES HABITANTS DES HAUTES-PYRÉNÉES.

Le département des Hautes-Pyrénées est loin d'être un des plus peuplés de la France, ce qui s'explique, d'une part, par l'absence presque complète de grands centres industriels, de l'autre, par la nature même d'une portion de son territoire, qui ne comporte pas d'habitations permanentes à cause de la rigueur des saisons. Il compte 244,170 individus, répartis de la manière suivante entre les trois arrondissements qui le composent :

CHEFS-LIEUX d'arrondissement.	POPULATION		
	des communes.	des arrondissem.	du département.
Tarbes.........	12,630	110,542	
Argelès.........	1,420	40,582	244,170
Bagnères........	8,108	93,046	

Au commencement de ce siècle, le recensement n'avait fourni que 181,745 habitants, savoir : 82,188 pour l'arrondissement de Tarbes, 31,947 pour celui d'Argelès et 67,610 pour celui de Bagnères : le département a donc vu sa population s'accroître d'un tiers environ dans l'espace de quarante-trois ans; il est vrai que, dans cette période, on a joui de vingt-huit années de paix.

Les habitants du département sont, en général, d'une taille au-dessus de la moyenne et jouissent d'une bonne constitution. Quelques crétins et le petit nombre de goîtreux que l'on rencontre encore au fond des vallées étroites, peuvent être regardés aujourd'hui comme des exceptions; l'aisance a fait disparaître, presque sur tous les points, ces maladies longtemps considérées comme héréditaires. Le caractère des habitants diffère suivant qu'on l'étudie chez les hommes de la montagne ou chez ceux de la plaine. Les premiers sont généralement vifs, intelligents et très-robustes. L'amour du travail, une grande sobriété, des habitudes d'ordre et d'économie distinguent les cultivateurs de ces rudes contrées; sans ces vertus on aurait peine à comprendre comment ils parviendraient à élever leur nombreuse famille sur un sol naturellement peu fertile et dont il faut disputer sans cesse les produits à l'inclémence des saisons. L'habitant des vallées possède aussi ces qualités, mais à un moindre degré; elles s'affaiblissent sensiblement à mesure qu'on se rapproche davantage des contrées plus favorisées ou des lieux fréquentés par les étrangers. 'Dans ces dernières localités, il est d'observation que le caractère naturel des habitants s'est singulièrement modifié. Le spectacle continuel de l'opulence jointe à l'oisivité a notablement altéré les mœurs primitives des individus. Leur antique simplicité a fait place à la ruse, à la cupidité et à l'ivrognerie. Le goût du luxe est devenu un besoin qu'il faut satisfaire à tout prix et surtout aux dépens de l'étranger regardé par plus d'un monticole comme une proie qui lui est dévolue. Aussi, moralement parlant, est-il peu d'endroits, dans les Pyrénées, frequentés par les visiteurs, qui n'aient à regretter leur ancienne obscurité; l'argent autrefois y était plus rare sans nul doute, mais on ne connaissait pas une multitude de nécessités inventées par la civilisation et que celle-ci traîne toujours avec elle; en un mot, le contact des étrangers, s'il a produit un bien matériel incontestable dans l'ensemble du département, a eu aussi pour conséquence d'introduire des vices principalement au voisinage des lieux thermaux et de répandre une aisance plutôt factice que réelle dans la classe laborieuse.

Les mœurs, dans la plaine, se ressentent naturellement de l'aisance plus grande qui y règne : elles sont plus douces, l'esprit des habitants y est plus cultivé et la jeunesse se montre plus accessible aux innovations.

On a reproché aux populations de la plaine d'être paresseuses; rien cependant ne justifie cette assertion. Partout le cultivateur se montre actif et laborieux ; et si, dans une partie du département, les champs restent encore en jachère tous les trois ans, et même de deux années l'une, c'est à la nature du sol et à la pénurie des capitaux qu'il faut s'en prendre, plutôt qu'à l'insouciance ou à l'inertie du cultivateur. Cette vérité trouve sa preuve dans l'activité remarquable qui règne là où le sol se laisse facilement travailler, et où l'aisance est répandue parmi les cultivateurs.

ÉTAT DE LA PROPRIÉTÉ.

Les héritages sont, en général, fort divisés dans les Hautes-Pyrénées; aussi ce département appartient-il à la petite et à la moyenne culture; les grandes exploitations que l'on observe dans chaque arrondissement sont en trop petit nombre sur chaque point pour constituer un troisième catégorie, sous le nom de pays de grande culture.

Partout les propriétés souffrent d'un mal qui tend à s'accroître à mesure que s'ouvrent les successions; le morcellement et les enclaves rendent le propriétaire tributaire de ses voisins, et l'obligent à suivre les usages du pays, bien qu'il en reconnaisse les défauts, et qu'il soit à même de les remplacer par de meilleures méthodes. Cet état de choses est l'objet des plaintes unanimes des cultivateurs; malheureusement, les lois actuelles sanctionnent et provoquent ces abus : chacun veut avoir sa part en nature dans l'héritage paternel, heureux encore quand les enfants se contentent d'une portion déterminée du champ et n'exigent pas que chaque lot soit fractionné, à son tour, en autant de parcelles qu'il y a de têtes pour représenter le chef de famille. Les bons esprits du département regrettent que la loi de 1824, en élevant les droits de mutation, ait rendu les échanges plus difficiles; l'agriculture, suivant eux, ne peut se relever qu'autant qu'on aidera la grande propriété à se reconstituer.

4.

Le morcellement de la propriété varie suivant les localités.

ARRONDISSEMENT DE TARBES.

Dans le canton de Vic, on compte deux ou trois grandes propriétés de 8 à 900 journaux (le journal de 22 ares). 2 à 300 journaux constituent un beau domaine ; la plupart des exploitations rurales descendent au-dessous de ce chiffre.

Les terres de première classe, dans ce canton, valent de 250 à 300 francs le journal. Celles de deuxième classe sont estimées 200 à 250 francs. Là où les terres sont ensemencées tous les ans, le journal s'afferme 20 francs ; quand il ne porte de récoltes que de deux années l'une, comme à Estambez, les 22 ares se louent seulement 20 francs.

Le morcellement est plus sensible à Maubourguet et à Castelnau-Rivière-Basse; tous les champs y sont fractionnés en cultures de 10 à 100 journaux; le journal, de 38 ares, vaut de 8 à 900 francs, en terres arables de bonne qualité. Les prés sont estimés 1,000 fr.

Dans le canton de Rabastens, on cite quatre ou cinq grands propriétaires possédant, l'un dans l'autre, 100 hectares; le reste du pays se partage entre une foule de cultivateurs qui ne laboûrent pas au delà de 40 à 50 journaux; beaucoup d'exploitations ont moins d'étendue.

Les terres de première classe, appelées dans le pays *boulbènes batardes*, valent 350 fr. le journal (25 ares 52 centiares). Les enclos s'élèvent à 800 francs. Jamais on n'y fait de jachère. Les terres de deuxième classe, désignées sous le nom de *boulbènes franches*, valent 250 francs, quand elles n'ont pas été marnées; celles de troisième classe se payent 200 francs le journal. Ces dernières comprennent les sols qui ont peu de fond, qui sont mal situés et où l'on ne récolte que de deux années l'une.

Les terres de première classe sont affermées 15 francs le journal, celles de deuxième classe 10 francs et celles de troisième 7 fr.

La moyenne des exploitations rurales, dans la plaine de Tarbes, ne dépasse pas 40 à 50 journaux de 22 ares 44 centiares chacun. Très-peu de petits propriétaires possèdent plus d'un hectare de terres d'un seul tenant. Les terres de première classe valent de 6 à 700 francs le journal; celles de deuxième classe, c'est-à-dire dont le tuf est près de la surface et qui n'absorbent pas l'eau facilement, se vendent 400 francs. Le journal de terre de première classe est affermé 3o francs; celui de deuxième classe, de 2o à 24 francs.

Dans le canton de Galan les plus grandes propriétés n'excèdent pas 1oo journaux de 25 ares 52 centiares chacun; le surplus du territoire est divisé à l'infini entre les cultivateurs. Les terres de première classe valent 4oo francs le journal; celles de deuxième classe sont estimées 3oo; les terres de troisième classe sont vendues 2oo francs.

A Trie et à Castelnau-Magnoac, on appelle grands propriétaires ceux qui possèdent 25 hectares; la moyenne des exploitations ne dépasse pas 12 hectares; beaucoup n'ont pas cette étendue. Les terres de première classe valent de 4oo à 45o francs le journal de 25 ares 52 centiares; celles de deuxième, 3oo francs; les terres de troisième classe sont estimées 200 francs. Les prés se vendent 500 francs le journal.

ARRONDISSEMENT D'ARGELÈS.

A mesure qu'on s'enfonce dans les montagnes, le sol se morcelle davantage et se fractionne en parcelles telles que le cultivateur se dispute jusqu'au moindre rocher dont la surface se couvre d'un peu de terre végétale : la culture ne s'arrête que là où la rapidité des pentes ne permet plus à l'homme de porter son industrie.

Les plus grands propriétaires dans le canton d'Argelès possèdent de 15 à 16 hectares ; en général, ceux qui ont plus de 2 à 3 hectares afferment leurs terres à prix d'argent ; le journal de 18 ares 76 centiares se vend de 1000 à 1200 francs aux environs des villes ; un peu plus loin, il vaut de 8 à 900 francs ;

il se loue 3o francs, et le preneur doit, en
outre, donner *3 mesures* de maïs. Les prairies sont affermées au prix de 28 à 3o francs
le journal.

A Luz et à Aucun, la valeur vénale des
terres est encore plus élevée ; elle suit le morcellement du sol, porté ici presque à son
comble.

Dans le canton de Lourdes, on compte
tout au plus cinq ou six grands propriétaires
possédant de 25 à 3o hectares ; la plupart
n'ont que 4 à 5 hectares ; beaucoup de cultivateurs n'exploitent que 2 ou 3 journaux.
Les terres de première classe valent 8oo fr.
le journal de 18 ares 76 centiares, qui se
loue 3o francs ; les terres de seconde classe,
affermées 2o francs, du côté de Bagnères, se
payent 6oo francs le journal ; celles de la
troisième classe sont estimées 4oo francs ;

on les loue au prix de 18 à 20 francs le journal.

A Saint-Pé, la contenance du journal est la même qu'à Lourdes. Les plus grandes propriétés n'excèdent pas 100 journaux. Beaucoup de propriétaires possèdent 40, 30 et 25 journaux. Les terres de première classe se vendent 800 fr. le journal, celles de deuxième 400, et 200 francs celles de troisième classe. Dans ce canton, on loue ce qu'on a de mieux, journal par journal : le journal de première classe 30 francs, celui de deuxième 24 francs, et 18 francs le journal de troisième classe.

ARRONDISSEMENT DE BAGNÈRES.

La propriété, dans cet arrondissement, offre beaucoup d'analogie avec celle de l'arrondissement d'Argelès. La moyenne des exploitations de la vallée de Louron est de 6 hectares environ. La vallée d'Aure est dans les mêmes conditions, seulement on y rencontre un plus grand nombre de propriétaires, possédant 10 à 12 hectares. Dans la vallée du Bastan, le morcellement excessif de la propriété s'explique par l'exiguïté même du terrain dont on peut disposer. L'escarpement de la montagne d'un côté, de l'autre le Gave, sont les obstacles qui empêchent le cultivateur de s'étendre ; son industrie doit forcément s'exercer dans la partie inférieure de la montagne, c'est-à-dire sur une ceinture fort étroite ; aussi la valeur vénale du sol y est-elle portée très-haut.

Dans la vallée de Campan, les plus grands propriétaires exploitent 30 journaux de 20 ares 35 centiares. Dans la montagne, ce nombre s'élève jusqu'à 50. La moyenne des propriétés est portée à 8 journaux. A Campan, le journal vaut 1000 francs; il coûte 150 fr. dans la montagne.

Près de Bagnères, la moyenne des propriétés est de 4 journaux de 20 ares 35 centiares. Un très-petit nombre embrassent 100 journaux. Les prés s'y louent depuis 30 jusqu'à 40 francs le journal.

Dans la vallée de la Neste, les plus grands propriétaires exploitent de 25 à 30 hectares; l'étendue moyenne des terres en culture est de 4 hectares. Les terres de première classe valent 3000 fr. l'hectare, celles de deuxième 2400 et sont affermées 100 francs; les prés se louent depuis 45 jusqu'à 60 fr. le journal de 25 ares.

A Lannemezan, enfin, les plus grandes propriétés ne dépassent pas 100 journaux de 26 ares; on est réputé dans une position aisée quand on jouit de 30 journaux ; beaucoup de cultivateurs n'ont que 2 ou 3 journaux. Les terres labourables de première classe valent 500 francs le journal ; celles de deuxième classe 200, et celles de troisième classe 100 francs. La différence énorme qui existe entre le prix des terres de première classe et celui des terres de deuxième s'explique par cette raison que les premières contiennent une proportion notable d'argile et de calcaire, ce qui les rend aptes à produire du froment, du maïs et du trèfle, tandis que les terres de la seconde catégorie appartiennent au sol des Landes, sol qui, non marné, comporte seulement du seigle, des pommes de terre et du trèfle incarnat, et qui, se soulevant par les gels et dégels, compromet souvent les récoltes qu'on lui confie.

CLÔTURES.

Il existe trois sortes de clôtures dans le département : les haies, les fossés et les murs de pierres sèches. Les premières se voient surtout dans les cantons de Tarbes et de Vic ; les unes sont faites avec des tiges d'osier entrelacées avec des aulnes et des coudriers, et d'autres arbrisseaux : il est impossible d'apporter plus d'art et de soin que les cultivateurs de ces contrées n'en mettent à les entretenir en bon état. Les fossés ne sont pas soignés en général comme ils devraient l'être ; on ne les cure pas régulièrement, aussi servent-ils à peine à l'écoulement des eaux. Les clôtures formées de murs en pierres sèches existent dans quelques localités de la montagne.

MODES DE JOUISSANCE DU SOL.

La très-grande majorité des propriétaires cultivent eux-mêmes leurs domaines, néanmoins dans chaque arrondissement l'on rencontre encore, en plus ou moins grand nombre, des propriétés exploitées à moitié fruits, et partant confiées à des métayers; d'autres affermées par parcelles à de petits cultivateurs; quelques-unes, enfin, louées à des fermiers. Ces derniers sont fort rares.

Les trois arrondissements des Hautes-Pyrénées présentent, sous ce rapport, une physionomie particulière.

Dans les cantons de Vic, Castelnau-Rivière-Basse et Maubourguet, presque tous les propriétaires exploitent par eux-mêmes. On compte cinq à six métairies affermées à moitié fruits; les baux sont de 3, 6 ou 9 ans, et ainsi conçus :

« Par-devant M^e..., notaire royal à...,
« arrondissement de...., département des
« Hautes-Pyrénées, soussigné, en présence
« des témoins ci-après nommés.

« Fut présent :

« M..., domicilié en la ville de..., lequel
« a, par ces présentes, fait bail à titre de
« ferme, pour l'espace de 6 années consécu-
« tives, en faveur du sieur..., cultivateur,
« demeurant à..., à ce présent et acceptant,

« D'une pièce de terre nature champ, de
« contenance d'environ 67 ares 30 centiares,
« situé au territoire de..., quartier de...,
« durant lequel bail le preneur s'oblige d'en-
« tretenir et cultiver ladite pièce en bon et

« vigilant agriculteur, et, à cet effet, d'y faire
« les travaux d'usage.

« Le présent bail est fait moyennant, 1° la
« quantité de 3 hect. 1 lit. (3 sacs 3 mesures)
« de blé froment, beau, pur et net, et mar-
« chand, que le preneur s'oblige de payer au
« bailleur, le 15 août de chaque année; 2° 83
« kilog. (2 quintaux) de paille de froment,
« payables à la même époque.

« Le premier payement devant avoir lieu le
« 15 août 184 , et successivement à pareille
« époque, jusqu'à l'expiration des 6 années.

« Le bailleur sera tenu aux cas fortuits,
« selon l'ancien usage du pays, dérogeant aux
« formalités du Code civil qui régit cette ma-
« tière.

« Dont acte fait et passé à..., en l'étude

« de M^e. . ., le. . ., en présence des sieurs. . .,
« qui ont signé. . .

Dans le canton de Rabastens, il n'existe que très-peu de métayers; ceux-ci partagent à moitié fruits avec le propriétaire. Les baux ne durent qu'un an. Le fermier, en entrant en jouissance, reçoit un cheptel dont l'importance est, ou du moins devrait être déterminée par l'étendue de la propriété; il doit le rendre en bon état à l'expiration de son bail; les bénéfices du croît sont partagés à moitié.

Dans la plaine de Tarbes, ce sont les propriétaires eux-mêmes qui exploitent le sol, aidés en cela par leurs domestiques. Il est rare qu'on afferme les terres. Les prés seuls se louent quelquefois par parcelles. Quand il y a fermage, le journal de 22 ares 44 cent. est loué 4o francs en argent, ou bien, on en paye la rente en nature ainsi qu'il suit : pour les terres de première classe, 4 mesures de froment et autant de maïs (il faut 5 mesures pour représenter un hectolitre); pour les terres de deuxième classe, on remplace le froment par 4 mesures de seigle. Quand on confie l'exploitation à un métayer, celui-ci ne fournit que son travail; il est exempt de toute espèce d'impositions; il reçoit les animaux et les instruments nécessaires aux besoins du domaine; les semences lui sont avancées par le propriétaire, qui les reprend lors de la récolte : tous les fruits se partagent à moitié, seulement le métayer est obligé d'en abandonner la dixième partie en faveur du propriétaire; la dîme ne s'étend pas sur le bétail; le croît se partage par égales parties. Le bail n'est consenti que pour un an, mais il se continue ordinairement pendant plusieurs années; beaucoup de cultivateurs exploitent ainsi leur ferme de père en fils, bien que le

5.

bail ne se prolonge pas au delà de l'année ;
les propriétaires ayant surtout pour but de
demeurer autant que possible maîtres absolus
de leur domaine.

Les terres sont, en général, affermées à
demi-fruit, à Tournay ; les baux ne s'étendent pas au delà de 2 ans.

Dans les cantons de Trie et de Castelnau-Magnoac, l'exploitation du sol par propriétaires
est moins générale que la culture au moyen
des métayers ; on ne s'engage que pour un
an et verbalement ; chacun se réserve la faculté de changer s'il n'est pas content à l'expiration de l'année. Pertes et profits se partagent
à moitié, en cas de cheptel. Certains propriétaires, à Trie, prélèvent la dîme des récoltes ;
celles-ci, ordinairement, se partagent à moitié.

A Argelès, les propriétaires, en général,

font valoir eux-mêmes leurs domaines; ceux qui possèdent au delà de 3 hectares afferment à prix d'argent; ils louent pour une année, mais l'exploitation reste ordinairement entre les mains du même locataire. Hors de la vallée, les baux sont de trois, six ou neuf ans. Quand il y a du bétail sur la propriété, on en fait l'estimation lors de la prise de possession du fermier; celui-ci est tenu d'en rendre la même valeur à l'expiration de son bail.

Dans le canton de Lourdes, le fermage est exceptionnel; presque tous les propriétaires cultivent eux-mêmes leurs terres; il y existe cependant quelques colons partiaires. Ces derniers ne fournissent que leur travail; on leur avance la semence. Au moment de la récolte, le propriétaire prélève la dixième partie des fruits destinés à acquitter les contributions; il s'indemnise des frais de semence; le cheptel est estimé au moment de l'entrée en

jouissance, on l'évalue à la fin du bail; le
boni ou la perte se partage à moitié entre le
bailleur et le preneur. Les baux sont passés
pour trois, six ou neuf ans, il y est fait défense de vendre la paille, les fourrages et les
fumiers qui doivent être consommés dans la
ferme. Les payements ont lieu ordinairement
à la fin de l'année; néanmoins, pour plus de
facilité, on les divise quelquefois en deux
termes, à la Toussaint et à Noël : de cette
manière, une partie des haricots et des animaux a pu être vendue le 18 octobre à la foire
de la saint Luc; le reste des animaux a pu
se vendre à la foire de saint André le 2 décembre. Ces deux époques sont regardées
comme les meilleures pour la vente.

Dans le canton de Saint-Pé, les terres s'afferment en argent; quelques propriétaires les
louent aussi à moitié fruit. Les payements
se font en deux termes : au mois de mai et

le 1er novembre, c'est-à-dire, à l'époque où il est plus facile de se défaire du bétail. Les baux sont généralement de six ans; ils ne s'étendent jamais au delà de neuf années, mais il est rare qu'on change de fermiers; ceux-ci sont autorisés à continuer d'exploiter les terres en vertu d'un nouveau bail, ou bien ils jouissent par tacite réconduction. Défense leur est faite de vendre les pailles ni les fourrages; on leur accorde ordinairement la permission de couper sur la propriété le bois nécessaire pour la cuisson d'une fournée de 1000 quintaux de chaux : cette cuisson exige 80 chars de bois, chacun estimé 6[f]; cette faculté n'est accordée au fermier qu'une seule fois tous les huit ans.

Dans la vallée d'Aure les métayers partagent à moitié; ils traitent, en général, pour trois ans; le propriétaire paye les impôts et fournit le bétail nécessaire à l'exploitation; les travaux de main-d'œuvre sont à la charge du métayer.

Dans le canton de Bagnères, les conditions imposées au fermier et au métayer sont les mêmes que celles exigées dans la plaine de Tarbes.

Dans le canton de La-Barthe, on compte six métayers et une quinzaine de fermiers : ceux-ci payent le propriétaire en argent ; les autres partagent à demi-fruit. Les fermages ne durent qu'une année. Le métayage s'étend à trois, quatre, cinq et six ans.

COMPOSITION DES EXPLOITATIONS RURALES.

Le nombre des bêtes de travail et de rente au service des exploitations rurales des Hautes-Pyrénées diffère, dans chaque arrondissement, suivant l'étendue des propriétés, surtout d'après les ressources dont le cultivateur dispose et le système de culture qu'il a adopté ; on tomberait donc dans une grave erreur si l'on cherchait à établir une moyenne pour l'ensemble du département ; la montagne, sous ce rapport, ne souffre aucune comparaison avec la plaine. Dans l'une, le bétail de rente est très-nombreux, il est en raison directe des facilités que présentent de vastes pâturages communaux pour l'élevage et l'entretien du bétail ; dans l'autre, à l'exception des localités où l'irrigation permet d'obtenir plusieurs coupes très-abondantes de foin dans la même année, on ne tient pour ainsi dire que le nombre d'animaux strictement nécessaire pour accomplir les travaux de l'exploitation : il y a peu ou même point de bétail de rente. Les faits suivants mettront cette vérité en évidence.

ARRONDISSEMENT DE TARBES.

A Vic, sur une propriété de 300 journaux

(le journal de 22 ares 43 centiares), on a trois à quatre paires de bœufs, ou trois paires de bœufs et une paire de chevaux ou de mules; pour 100 journaux, on tient deux paires de bœufs et deux porcs; au-dessous de 50 journaux, on n'a plus qu'une paire de vaches et un porc.

Dans les cantons de Castelnau-Rivière-Basse et de Maubourguet, pour une exploitation de 20 journaux (le journal de 38 ares), on compte deux paires de bœufs; pour 10 journaux, une seule paire de bœufs ou de vaches; mais ordinairement on loue des bouviers, auxquels on donne 5 francs par jour, sans leur rien fournir, et 3 francs, si l'on donne le foin et la nourriture au bouvier. Ici, l'on ne tient de vaches que pour avoir le veau et un peu de lait.

Dans le canton de Rabastens, on estime

qu'il faut trois paires de bœufs pour une exploitation de 100 journaux (le journal de 25 ares 52 centiares), deux paires de bœufs pour 60 journaux, et une seule pour 30 journaux. On n'a de vaches que pour fournir du lait dans le ménage. Beaucoup de cultivateurs ont encore quelques lots de bêtes à laine, mais si faibles, qu'on ne saurait les élever au rang de troupeaux; les plus considérables ne dépassent pas soixante têtes.

Les exploitations rurales de la plaine de Tarbes qui ne dépassent pas 50 journaux (le journal de 22 ares 44 centiares) se cultivent avec une paire de bœufs et une paire de vaches; au-dessous de 40 journaux, on se contente d'une seule paire de vaches. La plupart des propriétaires se livrent à l'élevage du cheval, et nourrissent, à cet effet, une ou deux juments chez eux; ils ont aussi un ou deux porcs.

Dans le canton de Galan, les propriétés de 100 journaux (le journal de 25 ares 52 centiares) entretiennent trois paires de bœufs; pour 50 journaux, ce nombre est réduit à deux paires.

La proportion du bétail est à peu près la même dans le canton de Tournay.

Dans les cantons de Trie et de Castelnau-Magnoac, une propriété de 25 hectares se cultive avec deux paires de bêtes à cornes; la moyenne des exploitations, composée de 12 hectares, n'a qu'une seule paire de bœufs. Quand il y a deux paires, l'une est composée de vaches et l'autre de bœufs. On engraisse chaque année un ou deux porcs, pour la consommation de la ferme.

Cet arrondissement, ainsi qu'on le voit, possède fort peu de bétail de rente. Si les cultivateurs de la plaine de Tarbes trouvent de grandes facilités à se procurer de l'engrais dans la ville de Tarbes, ceux des autres localités sont loin de jouir du même avantage : abandonnés à leurs seules ressources, c'est de l'exploitation même qu'ils doivent tirer les engrais dont ils ont besoin pour fertiliser leurs terres. Celles-ci souffrent d'autant plus de l'insuffisance du fumier, que le bétail n'est tenu à l'étable que pendant la nuit; il passe presque tout le reste du temps dans les champs, dans les prés, ou sur les communaux. C'est pourquoi le nombre des animaux attachés au service des propriétés rurales, déjà fort restreint proportionnellement à l'étendue des terres en culture, devient tout à fait insuffisant pour réparer l'épuisement du sol : une stabulation permanente pendant la plus grande partie de l'année, l'emploi combiné des fourrages et des racines pour la nourriture des bestiaux, fourniraient plus d'engrais au cultivateur, et le mettraient ainsi à même de charger son sol de récoltes aussi épuisantes que celles qu'il lui impose, et d'en retirer plus de profit.

La proportion du nombre de bestiaux, relativement à l'étendue des propriétés rurales, est bien mieux observée dans l'arrondissement d'Argelès que dans celui de Tarbes; les bêtes à laine forment ici de véritables troupeaux, et ajoutent encore à la masse d'engrais que produisent les bêtes bovines, les chevaux et les porcs; néanmoins, on a encore à regretter que les animaux de cet arrondissement ne passent pas à l'étable tout le temps qu'ils pourraient y rester : on profite, avec raison, des pâturages de la montagne pour envoyer le jeune bétail, pendant la belle saison, sur ces hauteurs où il trouve une nourriture abondante, et où il se livre à un exercice salutaire; mais l'hiver, lorsque la neige ne couvre pas le sol, tous les animaux vaguent sur les communaux du voisinage ; la chétive nourriture qu'ils y rencontrent est loin de compenser la perte considérable d'engrais qu'entraîne cette vie errante.

Pour 20 ou 25 hectares de terre, on a une paire de bœufs, deux paires de vaches, douze ou quinze bêtes d'élève, deux porcs et cent vingt à cent trente bêtes à laine. Ceux qui ne cultivent que 2 à 4 hectares ont deux vaches, trois ou quatre élèves et quelques porcs. La plupart des petits cultivateurs n'exploitant qu'un seul journal, louent un bouvier, auquel ils payent 5 fr. par jour.

Dans le canton de Saint-Pé, une exploitation de 100 journaux (le journal de 18 ares 76 centiares) comporte une paire de bœufs et une quinzaine de vaches, qui toutes sont employées aux travaux du sol lorsqu'elles n'ont pas de veaux à élever; on y trouve, en outre, de soixante à quatre-vingts bêtes à laine, deux ou trois juments destinées à recevoir le baudet, et deux ou trois porcs. Les fermes de 4o et 3o journaux se cultivent avec deux ou trois paires de vaches; on n'y tient pas de bœufs; quelques porcs et un certain nombre de bêtes à laine et de jeunes bêtes bovines composent le bétail de rente de ces propriétés.

L'arrondissement de Bagnères se trouve dans les mêmes conditions que celui d'Argelès, sous le rapport de la proportion du bétail. Plus on s'enfonce dans la montagne, plus le bétail est nombreux sur chaque exploitation; les propriétaires dans la vallée, quoique moins riches à cet égard que les monticoles, l'emportent de beaucoup sur les propriétaires de l'arrondissement de Tarbes : chaque ferme de 10 hectares contient une paire de bœufs, ou une paire de vaches et une paire de bœufs, quelques porcs, un lot variable de bêtes à laine, et huit ou dix jeunes élèves de la race bovine.

CONSTRUCTIONS RURALES.

La plus grande partie des exploitations rurales du département présentent l'aspect d'habitations de propriétaires ruraux pourvues de tout ce qui est nécessaire à la culture des terres, plutôt que celui de fermes proprement dites. Beaucoup de villes renferment des constructions affectées à cette destination. Les bâtiments d'exploitation, tantôt sont groupés les uns près des autres et forment des villages; tantôt ils sont placés à peu de distance les uns des autres, près des domaines; tantôt, enfin, ils s'échelonnent à diverses hauteurs dans la montagne et les coteaux, ou se dispersent sans aucun ordre dans la plaine et les vallées.

Les maisons sont généralement construites avec des cailloux roulés et en pisé dans une partie de l'arrondissement de Tarbes; dans les deux autres arrondissements, elles sont faites, le plus souvent, avec des pierres enchassées fort habilement les unes dans les autres sans être liées par un ciment. Dans les montagnes, on trouve beaucoup de granges, espèces de chalets en bois, où se loge la récolte de foin et où quelques-uns abritent aussi leurs animaux. Dans plusieurs villages, on attache une grande importance à encadrer les portes et les fenêtres de la maison de bordures en marbre; ce luxe est devenu une nécessité même pour les plus pauvres habitants; ils lui sacrifient souvent d'autres améliorations plus essentielles, telles, par exemple, que la substitution d'une couverture en tuiles ou en ardoises à la toiture de chaume que l'on rencontre encore trop fréquemment dans les Hautes-Pyrénées. La plupart des maisons de l'arrondissement de Tarbes sont couvertes en tuiles cannelées ; dans les arrondissements de Bagnères et d'Argelès on emploie de préférence l'ardoise ; il en existe des carrières très-riches sur certains points de ces localités.

En général on n'observe aucune symétrie dans la disposition des constructions rurales. Toutes les constructions renferment dans leur périmètre intérieur un espace vide qui sert de cour. Les bâtiments occupent tantôt la même ligne que la maison d'habitation, tantôt ils se rangent sur ses côtés ou vis-à-vis du logement du maître. Chez plusieurs propriétaires, l'ensemble des constructions figure une enceinte continue, fermée de tous côtés, Dans ce cas, la maison principale regarde le levant; vis-à-vis se trouvent les constructions affectées exclusivement au service de la culture; la cour est au centre de l'emplacement et conduit d'une part au jardin, de

6.

l'autre dans la village ou dans les champs. Les pièces de l'habitation principale sont ainsi distribués : le cultivateur et sa famille logent au rez-de-chaussée ; la cuisine se présente tout d'abord en entrant ; la chambre à coucher vient ensuite ; elle est suivie d'autres pièces consacrées au service de la maison. La cave se trouve au rez-de-chaussée, sur le même plan que les autres chambres, disposition vicieuse qui nuit beaucoup à la conservation du vin. Les greniers règnent ordinairement dans toute la longueur du bâtiment, au-dessus du rez-de-chaussée. Les étables et les écuries sont généralement très-basses et fort peu aérées. Il en résulte que le bétail y souffre beaucoup de la chaleur, et se trouve plus exposé aux maladies de poitrine, lorsqu'il passe brusquement d'une température très-élevée à l'air froid de l'atmosphère. La disposition des fenils est extrêmement défectueuse ; sauf un petit nombre d'exceptions,

les fourrages sont logés immédiatement au-
dessus des animaux ; de simples perches ou
des planches mal jointes séparent les deux
compartiments, aussi, une partie des fourrages
est-elle alterée par les émanations du bétail.
Les instruments sont généralement mis à
couvert sous des hangars ; une grange renferme le grain avant d'être dépiqué ; les pailles
sont mises en meules dans la cour. Le fumier
est relégué près des étables. Chez beaucoup
de cultivateurs on voit, attenant à l'habitation principale, un four dont l'extrémité postérieure débouche dans la cheminée de la
cuisine ; chez quelques autres, le fournil tient
à une autre partie des bâtiments ; il serait à
désirer qu'il ne fût jamais trop rapproché des
étables, des bergeries ou de tout autre endroit où l'on peut craindre l'incendie.

USAGES NUISIBLES À L'AGRICULTURE.

BIENS COMMUNAUX.

Les biens communaux ne doivent pas être considérés d'une manière absolue comme un usage nuisible à l'agriculture dans les Hautes-Pyrénées. Une foule de localités, dans les arrondissements montagneux du département, ne peuvent utiliser d'une manière plus avantageuse ces sortes de biens qu'en les louant, ainsi que cela se pratique aujourd'hui, soit à des étrangers, soit à des communes en dehors de la circonscription. Ce mode offré le double avantage de conserver en herbages des terrains élevés qu'une cupidité imprévoyante n'est que trop disposée à défricher malgré l'extrême déclivité du sol, et, en outre, de ne pas aliéner au profit d'une seule génération des ressources auxquelles le législateur a imprimé le caractère sacré de richesses publiques et qu'il a sagement étendues à toutes les générations à venir.

Mais si la plupart des communaux dans les arrondissements d'Argelès et de Bagnères n'apportent aucune entrave à l'agriculture du pays, ceux de l'arrondissement de Tarbes et les landes du vaste plateau de Lannemezan sont une des principales causes qui retardent les progrès. Des contrées entières présentent encore le triste spectacle de landes, la plupart très-cultivables, qui se déroulent sans fin jusqu'à l'horizon, et déshonorent un de nos plus beaux départements. En vain prétend-on qu'elles sont d'un grand avantage pour l'élevage du bétail; les troupeaux qu'on voit errer dans ces solitudes y trouvent une nourriture très-précaire, de mauvaise qualité et dont on paye trop chèrement la valeur par la perte des engrais et l'abâtardissement des races, résultat inévitable du mélange des sexes et des intempéries de l'atmosphère. La seule utilité réelle qu'elles offrent, est de fournir de la *brande*, convertie en litière par le cultivateur. Des récoltes de seigle intercalées avec des fourrages annuels ou des pâturages de quelques années de durée lui donneraient plus de moyen d'entretenir ses bestiaux et de fabriquer un engrais plus abondant et de meilleure qualité.

L'usage des biens communaux n'est pas pratiqué de même dans toutes les localités.

Dans le canton de Vic, la plupart des communaux sont cultivés et s'afferment aux enchères pour trois, six ou neuf années, mais sans garantie des cas fortuits : les revenus provenant de cette location appartiennent aux communes.

Il n'existe plus de communaux dans les cantons de Castelnau et de Maubourguet ; on les retrouve, en revanche, fort considérables à droite et à gauche de la route qui conduit de Tarbes à Pau ; tout ce vaste plateau n'est qu'une lande abandonnée aux bruyères (*erica cinerea, vagans, tetralix, calluna erica,*) aux ajoncs (*ulex nanus, europæus*), au genêt fleuri (*genista scorpius*), à quelques maigres *fetuques* (*festuca*), et sur les friches, à la fougère mâle (*polypodium filixmas.*) Les propriétaires de la commune y envoient leurs troupeaux et en tirent des soutrages (ajoncs) et des bruyères destinés à être convertis en litière ; chacun va s'approvisionner à son gré de ces matériaux dans les parties de la lande qui ne sont pas réservées ; on peut y faire pacager autant de têtes de bétail qu'on en possède ; ce droit appartient exclusivement aux habitants de la commune.

Le pacage est libre sur les communaux du canton de Galan, nulle redevance n'est exigée des habitants pour cette jouissance; le nombre de têtes de bétail qu'on peut envoyer est illimité.

Dans le canton de Tournai, les communaux ont été convertis en propriétés particulières.

Dans les cantons de Trie et de Castelnau-Magnoac, la jouissance des communaux est libre pour tous les habitants; chacun peut envoyer autant de bêtes qu'il le veut sur ces terrains.

Il en est de même pour les communaux du canton de Lourdes; ceux-ci fournissent un assez bon pacage pendant la première partie du printemps.

Le pacage n'est assujetti à aucun règlement sur les communaux du canton de La-Barthe.

Dans plusieurs localités de l'arrondissement de Bagnères, certains communaux ont été partagés par feux, le reste a conservé son ancienne destination ; chacun peut envoyer en tout temps sur les friches autant de bétail qu'il le veut ; on a aussi la faculté d'y venir chercher de la brande pour faire de la litière.

Les vallées d'Ossoue, de Héas et d'Estaubé, ainsi que les pâturages du Coumélie, sont les principaux communaux de l'arrondissement d'Argelès ; ils sont loués chaque année à des communes de l'arrondissement, ainsi qu'à des bergers espagnols, qui y nourrissent leurs troupeaux pendant les mois de juillet, d'août et de septembre.

PARCOURS.

La plupart des terres du département su-
bissent encore aujourd'hui les inconvénients
du parcours ; dans plusieurs localités, cet
usage est une cause incessante d'atteintes
graves portées au droit de propriété.

Dans l'arrondissement de Tarbes, il a lieu
depuis le mois de septembre jusqu'au 25 mars.
A Lourdes, il s'exerce depuis le mois de novembre jusqu'au 1er mars. Les prés y sont
assujettis ; et, comme les animaux entrent par
tous les temps dans les champs, on se plaint
beaucoup, dans ce canton, du préjudice que
le parcours cause au sol.

Le parcours est interdit dans le canton de
La-Barthe.

Cet usage est, en général, toléré dans la vallée de Bagnères, encore que les propriétés soient closes, mais il est soumis à des règlements communaux. Le parcours commence le 1er novembre et finit le 25 mars.

GLANAGE.

Le glanage est en vigueur dans tous les arrondissements; dans beaucoup de localités, notamment à Bagnères et dans la plaine de Tarbes on le regarde comme une source d'abus. La loi défend, il est vrai, qu'on ne puisse glaner avant le lever et après le coucher du soleil et en dehors de la surveillance du garde champêtre, mais ces règlements sont très-peu respectés, du moins pour la récolte du maïs. A peine a-t-on commencé la cueillette des épis, tous les pauvres des environs se jettent dans le champ; c'est une véritable invasion; des troupes entières sont sur les talons des moissonneurs; elles ne se contentent pas de prendre les épis faibles ou oubliés, elles se jettent encore sur les tiges non dépouillées et il faut presque engager une lutte pour sauver la récolte de ce brigandage : cette violation audacieuse des droits du propriétaire appelle toute l'attention des autorités.

GRAPILLAGE.

Le grapillage existe dans le département; il n'est autorisé qu'autant que les propriétaires de la commune ont achevé leurs vendanges. Dans certains cantons, notamment à Vic, à Maubourguet et à Castelnau, le grapillage est exercé par les pâtres, qui vont faire pacager leurs moutons dans les vignobles. Les bergers de ces localités sont un des plus grands fléaux qu'ait à redouter l'agriculture du pays. Ne possédant pas un centiare de terrain, sans fortune pécuniaire, ils n'ont pour tout bien que des troupeaux de bêtes à laine de race chétive, qu'ils ne sauraient nourrir à leurs frais, et qu'ils font vivre aux dépens des propriétaires. Haies, fossés, prés, champs, vignes et récoltes, rien n'est sacré pour cette classe de gens essentiellement nomades. La maraude a lieu surtout pendant la nuit; et malheur à quiconque ose se plaindre de ces envahissements, la vengeance ne tarde pas à se faire sentir; elle atteint le propriétaire et ceux qui ont dirigé les poursuites; on coupe leurs vignes, on saccage leurs récoltes. Les dommages causés par ces espèces de Vendales deviennent souvent irréparables. Quelques exemples sévères mettraient fin, sans doute, à ces actes de barbarie, dont l'impunité aurait pour conséquence directe de mettre la propriété à la merci de gens sans aveu.

DE LA CLASSE OUVRIÈRE EMPLOYÉE À LA CULTURE DU SOL.

Les professions commerciales et industrielles, ne jouant qu'un rôle secondaire dans le département des Hautes-Pyrénées, laissent à l'agriculture tous les bras dont elle a besoin et lui permettent de faire exécuter ses travaux à des prix raisonnables. On distingue quatre classes d'ouvriers agricoles dans le département, savoir :

Ouvriers travaillant à l'année chez le propriétaire;

Ouvriers travaillant pendant une partie de l'année;

Ouvriers travaillant à la journée;

Ouvriers travaillant à la tâche.

§ Ier. OUVRIERS TRAVAILLANT À L'ANNÉE.

Les métayers, représentant le propriétaire
en vertu du contrat qui les attache au domaine, devraient, rigoureusement parlant,
être classés en dehors des ouvriers proprement dits, puisque leur qualité les dispense
de fournir une main-d'œuvre personnelle,
et que leur seule obligation consiste à faire
accomplir tous les travaux de l'exploitation;
néanmoins, comme la plupart les exécutent
eux-mêmes, on peut les ranger sous le titre
d'ouvriers agricoles. Tous ceux qui se rencontrent dans le département des Hautes-
Pyrénées partagent à moitié fruit avec le propriétaire; ils ne reçoivent point d'autre salaire.
Les fermiers auxquels la propriété n'est con-
cédée que pour une année rentrent aussi
dans cette catégorie. Le plus grand nombre
n'exploitent que peu de terres, et, par suite,

exécutent personnellement une partie des travaux de la culture.

Indépendamment des métayers et des fermiers annuels, il existe encore une série d'oùvriers travaillant à l'année chez le propriétaire, ce sont les domestiques qu'il loue pour exécuter une partie des travaux de l'exploitation. Les conditions auxquelles ceux-ci consentent à servir, varient suivant les localités.

Dans les cantons de Vic et de Maubourguet, les domestiques mâles reçoivent 120 francs par an; les femmes ont 80 francs de salaire; ils s'engagent à toutes les époques et s'obligent à faire tout ce qui leur sera commandé.

Dans le canton de Castelnau-Rivière-Basse, les ouvriers à l'année ont de 120 à 130 fr. les meilleurs bouviers gagnent 140 fr. Les filles ont de 60 à 80 fr. de gages, et de plus elles reçoivent deux chemises en toile.

Dans le canton de Rabastens, on donne 150 fr. au plus et 100 fr. pour le moins aux bouviers.

Dans le canton de Tournay, les ouvriers à l'année gagnent de 100 à 120 fr. à Trie et à Castelnau-Magnoac, ils reçoivent 140 fr.

Dans la plaine de Tarbes, les hommes gagnent jusqu'à 120 fr. dans les exploitations moyennes, les petits propriétaires, travaillant eux-mêmes, ne les payent que 70 à 80 fr. Les femmes gagnent 50 à 60 fr.; dans certaines localités, on leur donne un habillement d'été et un d'hiver.

Sur le coteau, les ouvriers à l'année se louent d'une Saint-Jean à l'autre. Si le maître

veut conserver son domestique après l'année
révolue, il est obligé de le lui proposer trois
mois à l'avance ; autrement, la Saint-Jean
venue, le domestique a le droit de s'engager
ailleurs, sans prévenir le propriétaire.

Dans la commune d'Ibos, les ouvriers à
l'année ont de 120 à 130 fr. on leur donne,
en outre, un vêtement d'hiver et un d'été, le
tout estimé 200 fr. gages compris.

Dans le canton d'Argelès, les ouvriers à
l'année sont remplacés, l'hiver, par des Espagnols, l'été, par des estivandiers. La petite
propriété règne exclusivement ici ; elle exécute elle-même les labours et les autres travaux de l'exploitation qu'il n'est pas d'usage
de confier aux estivandiers. Les filles de service ont de 35 à 40 fr. par an, et, de plus,
un vestiaire consistant en chemises, capulet,
robes, mouchoirs, le tout évalué 25 à 30 fr.

Les enfants servent pour la nourriture jusqu'à douze ans; à partir de cet âge, ils gagnent 25 à 3o fr. par an, pour garder les bestiaux.

Dans le canton de Lourdes, les hommes reçoivent 1 oo fr. de gages, les femmes 8o fr. on ne donne aucun objet de literie.

Dans le canton de Saint-Pé, les ouvriers à l'année reçoivent 1 oo fr. quelques-uns les payent moitié en argent et moitié en objets d'habillements.

Dans certains cantons de l'arrondissement de Bagnères, les hommes gagnent 1 4o fr. par an, les femmes 6o fr. A La-Barthe, dans la vallée de la Neste, ils reçoivent de 1 3o à 1 4o fr. ils s'engagent ordinairement en mai. Les repas des ouvriers à l'année ne diffèrent pas sensiblement dans les trois arrondissements.

Dans les cantons de Vic, Maubourguet, Castelnau-Rivière-Basse, les ouvriers à l'année font trois repas en toute saison. Le matin, à huit heures, ils ont un morceau de pain, du lard et du vin; à midi, ils reçoivent du pain et du vin; le soir, on leur donne du fromage ou des œufs : ils ont droit à 2 litres de vin chaque jour.

Dans le canton de Rabastens, les repas des ouvriers se composent de la soupe, de pain et de vin, et d'un peu de légumes. Pendant la saison des récoltes, on leur donne un repas de viande salée.

M. Gros, grand propriétaire à la Cassagne, donne à ses valets de ferme, quatre fois par semaine, de la viande, fraîche ou salée; il estime que chaque ouvrier lui coûte de 3o à 35 centimes de nourriture par jour.

Dans la plaine de Tarbes , du côté d'Ibos , les ouvriers font quatre repas l'été. Le déjeuner consiste en pain avec du vin ; le dîner se compose d'une pâte faite avec de la farine de maïs, et un peu de salé et de vin ; à goûter, ils ont du pain et du vin ; le soir, on leur donne de la pâte réchauffée du dîner , du salé et du vin.

Dans le canton de Tournay, ils font quatre repas au temps des plus forts travaux ; deux fois par jour il reçoivent de la viande , des œufs et du vin.

Dans le canton de Castelnau-Magnoac, les ouvriers à l'année font trois repas l'hiver et quatre l'été. Beaucoup de propriétaires leur donnent de la viande deux fois par jour ; au déjeuner et au goûter, ils ont des oignons et de la laitue.

Dans les cantons de Lourdes et de Saint-Pé, ils font trois repas : le premier, à neuf heures du matin, se compose de pâte faite avec de la farine de maïs torréfiée, d'une soupe aux choux et d'une ration de salé, avec du vin ; le deuxième, à deux heures, consiste en pain et vin ; le troisième, à la nuit, est composé de pâte faite avec de la farine de maïs non torréfiée, mais cuite dans du lait, et d'un peu de vin. A Saint-Pé, on ne donne pas de vin, en général.

La nourriture, dans l'arrondissement de Bagnères, est à peu près la même que dans l'arrondissement d'Argelès.

§ II. OUVRIERS TRAVAILLANT PENDANT UNE PARTIE DE L'ANNÉE.

On distingue deux sortes d'ouvriers travaillant pendant une partie de l'année dans le département, savoir : les estivandiers, se louant, en général, pour exécuter les menues cultures et les travaux de la moisson, et les étrangers, qui descendent de la montagne vers le milieu de l'automne, et se chargent de divers travaux fonciers. Les uns et les autres se louent à des conditions qui varient suivant les localités.

Dans le canton de Vic, les estivandiers, moyennant le sixième de la récolte, coupent les céréales, battent et nettoient le grain.

Dans le canton de Castelnau-Rivière-Basse, les défrichechements se font à forfait par des Espagnols arrivant de la montagne aux approches de l'hiver.

Dans le canton de Rabastens, les estivandiers reçoivent le sixième du grain seulement pour couper et ramasser les céréales, trans-

porter et battre le grain, et faire les meules :
on ne les nourrit pas.

Dans la plaine de Tarbes, les estivandiers
exécutent tous les travaux d'été ; leur service
court de la Saint-Jean jusqu'à la fin de septembre. Les uns les paient en nature, et leur
donnent alors trois sacs de froment (2 hectolitres) ; d'autres les payent en argent, sur
le pied de 20, 30 et 40 fr. suivant l'ouvrier :
on les loge et on les nourrit.

A Ibos, les estivandiers se louent pour trois
ou quatre mois, reçoivent 40 fr. font tous
les travaux de la moisson, et même tout ce
qu'on veut leur faire exécuter ; ils sont nourris. Ils commencent à travailler au point du
jour, et finissent à la nuit. Autrefois, dans
cette localité, on faisait faire les travaux de
terrassement, de défrichement, ainsi que les
fossés, par des Espagnols ; mais ces étrangers

ne viennent plus qu'en petit nombre aujourd'hui : ils reçoivent 1 fr. 20 cent. par jour, sans nourriture ni logement ; on se loue généralement de leur travail.

Dans les cantons de Trie, de Castelnau-Magnoac et de Tournay, les estivandiers s'engagent, les uns jusqu'au 15 août, les autres jusqu'au 8 septembre. Pour la première Notre-Dame, on leur donne 2 hectolitres de grains, 3 pour la deuxième ; ils sont nourris pendant tout le temps de leur engagement. Ces ouvriers sont assimilés à de véritables domestiques ; ils fauchent ou scient les grains, battent la récolte, la vannent et la portent aux greniers ; ils exécutent aussi les labours et les semailles.

Dans le canton d'Argelès, les estivandiers se louent ordinairement pour l'été, depuis mai jusqu'à la fin de septembre ; quelquefois on ne les engage que pour certains jours de

la semaine. Les meilleurs ouvriers ont de 30
à 40 fr. pour la saison ; on leur donne parfois
un pantalon de toile en sus de leurs gages.
Leur tâche consiste à faire les travaux de la
fenaison, à couper les récoltes, à les battre et
à les engranger, ou à garder les bestiaux dans
les communaux. Ils reçoivent quatre repas
par jour, consistant en châtaignes, laitage,
salaison ; on leur donne un peu de vin à
l'époque de la fauchaison et de la moisson.

Les Espagnols, descendus de la montagne
pour exécuter, l'hiver, les travaux de défrichement et de terrassement, sont loués,
moyennement, 1 fr. 10 cent. à 1 fr. 25 cent.
par jour, sans être nourris ni logés ; quand
on leur donne la nourriture, ils reçoivent de
60 à 75 cent.

Il existe peu d'estivandiers dans le canton
de Lourdes. A Saint-Pé, ceux qui n'ont pas

le moyen de prendre des ouvriers à l'année,
louent des estivandiers pour trois ou quatre
mois ; ils leur donnent 10 fr. par mois et les
nourrissent.

Dans le canton de La-Barthe, les estivandiers font les semailles et les travaux de la
récolte ; ils gagnent de 75 à 80 fr. en six
mois de temps, et sont nourris.

A Lannemezan ; les estivandiers se louent,
à partir de la Saint-Jean jusqu'à l'achèvement
des semailles d'automne, sur le pied de 50
à 60 fr. ils sont nourris.

§ III. OUVRIERS TRAVAILLANT À LA JOURNÉE.

Le salaire des journaliers n'est pas le même
dans tous les arrondissements du département. A Vic, ils reçoivent 75 cent. en tout
temps, et un litre de vin à l'époque de la

moisson. Dans le canton de Castelnau, les ouvriers avec lesquels on n'a pas fait de conditions reçoivent 4o cent. par jour en hiver, et sont nourris; quand on les emploie pour les travaux de la fenaison et de la moisson, il gagnent 5o cent. en tout temps : il n'y a plus alors de distinction entre les saisons.

A Rabastens ils ont 1 franc en toute saison, et sans nourriture; quand on ne les emploie qu'accidentellement, leur journée est de 1 fr. 25 cent.

Dans la plaine de Tarbes, les journaliers se payent 5o centimes; ils sont nourris mais non logés. Pendant la moisson ils gagnent 1 franc; les femmes, pendant cette époque, reçoivent 5o centimes; en tout autre temps elles n'ont que 25 centimes avec la nourriture.

A Ibos les journaliers, nourris chez le propriétaire, gagnent 5o centimes; quand on ne leur donne pas la nourriture on les paye à raison de 1 franc 2o centimes.

Dans les cantons de Trie, de Castelnau-Magnoac et de Tournay, la journée se paye 5o centimes; l'ouvrier est nourri. Pour faucher et couper les blés, il reçoit 75 cent.

Dans le canton d'Argelès, les ouvriers à la journée gagnent 1 fr. 25 cent. l'été, et 1 franc l'hiver, sans être nourris; avec la nourriture ils n'ont que 75 centimes.

A Bagnères, les hommes ont 5o centimes, les femmes 25 centimes; ils sont nourris.

Dans la vallée de la Neste, le salaire du journalier est de 5o centimes l'hiver, et de 75 centimes l'été; il est nourri.

§ IV. OUVRIERS TRAVAILLANT À LA TÂCHE.

Les ouvriers travaillant à la tâche dans les Hautes-Pyrénées sont les faucheurs, les moissonneurs et les vendangeurs.

A Vic, les ouvriers gagnent 1 fr. 50 cent. et deux litres de vin pour faucher 22 ares 43 centiares de prés; les moissonneurs ont 1 franc et un litre de vin; les femmes qui cueillent le raisin reçoivent 60 centimes par jour, ou 30 centimes avec la nourriture; les presseurs et tireurs de comportes sont toujours nourris; on leur donne 75 centimes par jour: ce sont ordinairement les populations voisines, principalement celles du Béarn qui viennent faire la vendange dans le canton de Vic; on ne les loge pas.

A Castelnau-Rivière-Basse ce sont des ouvriers étrangers à la localité qui se proposent pour faucher et moissonner. La journée se paye 1 fr. 50 cent. sans la nourriture, ou 1 fr. quand on les nourrit. Quelques propriétaires arrêtent des gens depuis le 1er juin jusqu'au 1er septembre pour exécuter les travaux de la fenaison et de la moisson; dans ce cas, ils donnent à chaque ouvrier depuis 1 hectolitre 50 litres jusqu'à 2 hectolitres de grain, mais pas d'argent.

A Rabastens, les faucheurs et les moissonneurs qu'on ne nourrit pas reçoivent 2 francs par jour; il en est de même dans le canton de Lourdes.

Dans la plupart des cantons du département, les travaux de la fenaison et de la moisson sont exécutés par des estivandiers.

INSTRUMENTS ARATOIRES.

Les principaux instruments aratoires du département sont : la charrue, le rouleau, la herse, la houe, le rasereau, le marquoir et le coutre.

CHARRUE.

La charrue usitée dans le département ressemble beaucoup à l'araire des Romains ; elle est très-imparfaite. 1° Le soc a une tendance trop prononcée à plonger en terre. 2° Le sep se jette sur le côté ; il en résulte que le labour est très-inégal et que chaque raie se trouve remuée à différentes profondeurs, inconvénient toutefois qu'on peut atténuer par des labours croisés. 3° Le versoir n'a ni assez de longueur, ni assez d'écartement. Dans les sols compactes il plaque les bandes les unes contre les autres et laisse échapper dans la raie une partie de la terre soulevée par l'instrument. 4° Cette charrue donne beaucoup de tirage aux animaux. La charrue Rouquet, fabriquée à Toulouse et importée avec beaucoup de succès dans certaines parties du département du Gers, remplacerait avec avantage celle des Hautes-Pyrénées. C'est une araire ainsi que cette dernière, mais les proportions des diverses parties qui la composent sont très-bien observées ; le versoir, en fonte, retourne parfaitement la tranche ; les raies sont bien évidées, elle ne fatigue pas les animaux ; enfin, comme dernière recommandation, son prix modéré la met à la portée de tous les cultivateurs.

La charrue, dans le département, est conduite aux champs et ramenée à la ferme sur un traîneau.

8.

HERSE.

On distingue deux sortes de herses dans le département : la petite herse et la grande herse. Cette dernière a les dents très-fortes, en forme de coutre, et d'une longueur de 16 centimètres ; elles sont attachées par des boulons et disposées sur quatre ou six rangées ; les dents de chaque rangées sont à 16 centimètres les unes des autres et inclinées en avant ; elles alternent avec celles des autres rangées. Leur forme est carrée. Une paire de bœufs suffit pour herser 45 à 50 ares en un jour. La terre traitée par cet instrument énergique est très-bien préparée pour les semailles ; ou s'en sert avec succès pour pulvériser les mottes et niveler le sol.

La petite herse comporte un plus ou moins grand nombre de dents ; sa forme est carrée ;

elle n'agit avec efficacité que dans les terres légères.

ROULEAU.

Le rouleau est un instrument que l'on emploie trop peu dans les Hautes-Pyrénées; il rendrait de grands services dans les terres fortes de ce département, en permettant de briser avec économie les mottes et de disposer la terre pour les semailles. Il ne serait pas moins utile dans les sols légers, pour les empêcher de se dessécher aussi promptement. Les rouleaux que l'on rencontre dans l'arrondissement de Tarbes, notamment du côté de l'Échez, mesurent 1 mètre 50 cent de longueur sur 32 centimètres de diamètre. On aurait plus d'avantage à fabriquer des rouleaux de 1 mètre de longueur sur 65 cent. de large ; leur action serait plus énergique.

HOUE.

L'instrument que l'on désigne sous ce nom dans le département est armé de cinq à six socs placés trois sur la traverse postérieure, deux sur celle qui précède et un sur la partie antérieure. On s'en sert pour enterrer certaines graines, comme, par exemple, celle du sarrasin.

RASEREAU, RASEROTTE, RASETTE OU CROISSANT.

Le rasereau est un instrument particulier au département des Hautes-Pyrénées où l'on en fait un emploi fréquent, surtout dans la culture du maïs. Son aspect ressemble à celui d'une charrue dépourvue de sep et de versoir; l'âge s'étend sur une longueur de 4 à 5 mètres. L'étançon, unique, se termine par deux mancherons en bois; l'étançon, à sa naissance, reçoit un soc en fer ayant la forme d'un croissant, dans le canton de Bagnères, et représentant un fer de flèche dans d'autres localités. A Tarbes, le soc offre deux ailes de 40 centimètres de largeur sur 35 centimètres de longueur à partir de la pointe du soc jusqu'à la douille ; une planche en bois de 32 centim. de longueur sur 16 centim. de large, se haussant ou se baissant à volonté, est fixée sur l'étançon, au-dessus du soc, à l'aide d'un clou ; elle est destinée à soutenir la terre soulevée par le soc et à la porter au pied des plantes. Cet instrument sert à sarcler et à butter le maïs, et à arracher les pommes de terre. La houe à cheval et le buttoir de M. de Dombasle l'emportent sur cet instrument, en ce que les versoirs mobiles permettent de prendre plus ou moins de largeur, tandis que le rasereau ne comporte qu'un écartement uniforme ; cependant il fonctionne assez bien. On y attelle ordinairement deux bœufs.

MARQUOIR.

Le marquoir sert uniquement pour tracer
les lignes dans la plantation du maïs; suivant
les localités, il offre deux ou trois dents,
écartées les unes des autres à la distance de
80 centimètres, et implantées dans une traverse en bois. On y attelle souvent deux
vaches.

COUTRE.

Il se compose d'un coutre en fer, fiché à
la partie postérieure et élargie d'un âge de
3 mèt. 24 cent. de longueur, que surmonte
un mancheron bifurqué. Le coutre se trouve
à 12 cent. environ en avant du mancheron;
le fer a une largeur de 8 centimètres à sa
partie moyenne; il est brisé supérieurement.
On se sert de cet instrument dans la plaine

de Tarbes et près de Bagnères pour déchaumer ; on y attelle ordinairement une paire de vaches.

LABOURS.

Il existe trois sortes de labours dans le département : le labour à plat, en planches et en billons.

Les labours se donnent à plat dans une grande partie des terres légères des Hautes-Pyrénées.

Dans le canton de Vic, les planches se composent tantôt de quatre, tantôt de huit raies ; on ne change pas les sillons. Une paire de bœufs laboure 25 ares en un jour ; avec des mules on laboure 45 ares. Tous les labours ont une profondeur uniforme de 16 à 21 cent. excepté lorsqu'on laboure pour les semailles, auquel cas la charrue ne pénètre qu'à 8 ou 10 centim.

Dans la plaine de Tarbes, le laboureur prend quatre, cinq ou six raies ; on préfère le labour de quatre raies pour le blé. Le labour est *plénier* quand on doit semer du lin, du maïs, des pommes de terre ou du sarrasin. On laboure aussi par planches de douze et quinze raies, surtout pour la culture du lin. Les labours ne sont pas croisés, mais d'une année à l'autre on change les sillons. Une paire de bœufs laboure 30 ares, et butte presque 1 hectare de maïs ou de pommes de terre dans la journée.

Dans les terres fortes de l'arrondissement de Tarbes, on laboure en billons de 5 raies ; à Mauléon-Magnoac ainsi qu'à Monlong, les billons n'ont que quatre raies. La jachère reçoit quatre labours ; le premier se donne

en décembre, le deuxième en avril, le troisième en août, le quatrième au moment de
semer; lorsqu'on fait jachère, on enfouit le fumier au dernier labour; autrement, on préfère l'enterrer par le premier labour. La profondeur moyenne des labours n'excède pas 16
centimètres.

Les labours se donnent à plat et toujours
dans le même sens dans la vallée de Campan;
il en est de même à Bagnères et à Argelès;
leur profondeur moyenne descend à 16′ cent.
Une paire de bœufs laboure 30 ares en un
jour. Sur les coteaux qui environnent Bagnères, on laboure avant l'hiver; dans la
plaine, on laisse la terre en repos jusqu'aux
premiers beaux jours : la terre forte des coteaux, le sol léger de la vallée, donnent la
raison de ces deux procédés.

En général, on ne déchaume pas dans le

département; cette excellente coutume n'est en vigueur que dans certaines localités; elle existe notamment dans le canton de Bagnères. Ailleurs, on ne déchaume que lorsqu'on veut faire une deuxième récolte dans la même année, comme, par exemple, après le trèfle incarnat, auquel succède le maïs, ou bien encore après du lin, que l'on remplace par du petit mil ou du sarrasin. Lorsqu'on fait jachère, on n'est pas dans l'usage de herser ni de rouler dans l'intervalle des labours; cette pratique devrait être adoptée surtout pour les cultures d'été.

ENGRAIS.

On fait usage de quatre sortes d'engrais dans le département : du fumier d'étable, du parcage, des fumures vertes et des composts.

§ I. FUMIER D'ÉTABLE.

Le fumier d'étable forme à lui seul la plus grande masse des engrais que l'on applique aux récoltes; il provient partout des exploitations rurales, excepté aux environs de Tarbes, où la caserne de cavalerie en fournit une grande quantité aux cultivateurs les plus rapprochés de la ville.

La manière de préparer et d'appliquer le fumier n'est pas la même dans toutes les localités.

Dans le canton de Vic, la litière consiste en paille, en bruyères, en ajoncs. On la laisse séjourner pendant une semaine sous les bœufs; elle est changée tous les jours pour les chevaux; les bergeries ne sont vidées que tous les six mois, depuis la Saint-Martin jusqu'à la Saint-Jean. En général, une fois hors de l'étable, le fumier est amoncelé dans la cour, en tas de 2 mètres de hauteur sur 12 de largeur; on n'arrose pas, et la plupart du temps, le purin, non-seulement n'est pas retenu dans le pied du fumier, au moyen de rigoles qui bordent son périmètre, mais on le laisse bien souvent s'échapper, sans profit, dans la cour, ou bien il court se perdre dans le ruisseau de la rue. Il serait facile cependant de creuser le sol à une extrémité du tas de fumier, pour y placer un tonneau destiné à recevoir le purin : ce liquide précieux pourrait ainsi être porté directement sur les champs ou rejeté sur le fumier, dont il accroîtrait beaucoup la qualité. Il est rare que les tas de fumier soient préservés du soleil autrement que par quelques branchages; une couche de terre, de 15 cent. d'épaisseur, appliquée en guise de chapeau à sa partie supérieure, atteindrait plus efficacement ce but, sans occa-

sionner beaucoup de dépenses : la main-
d'œuvre se trouverait remboursée par la valeur de la terre, imprégnée des gaz et des
sucs fertilisants de l'engrais. Les tas de fumier
restent plus ou moins longtemps dans la cour,
suivant que le champ est ou non préparé à
recevoir des récoltes ; en général, on le porte
sur les terres dans un état assez avancé de
décomposition, lorsqu'il a six mois de cour.
Le fumier reste habituellement une quinzaine
de jours amoncelé dans le champ, avant d'être
enfoui, usage vicieux dont l'inégalité des récoltes signale le principal inconvénient, et
qu'il serait facile de faire disparaître dans un
pays où la division des propriétés permet ordinairement d'achever en peu de temps l'ou-
vrage commencé. Les uns enterrent le fumier
par le dernier labour, les autres par celui
qui précède la semaille. On ne fume pas en
couverture dans cette localité. La proportion
la plus commune du fumier appliqué aux ré-

coltes, est de trois chars par journal de 22 ares 43 cent. le sol est léger; chaque char pèse 1250 kilogrammes; le fumier compte six mois de décomposition. Beaucoup de cultivateurs ne mettent que deux chars; cette quantité est regardée comme insuffisante. On préfère le fumier vieux pour le blé; pour l'orge et l'avoine, au contraire, on aime mieux le fumier frais; sur les coteaux (terres fortes), on estime davantage le fumier vieux La supériorité relative des fumiers provenant des divers animaux de l'exploitation est établie ainsi qu'il suit à Vic : le fumier de mouton tient le premier rang; vient ensuite le fumier de cheval; celui des bêtes bovines se place au troisième rang; le fumier de porc est regardé comme le plus inférieur de tous les fumiers; on pense que son action ne s'étend pas au delà d'une année.

Dans le canton de Castelnau-Rivière-Basse,

les pailles des céréales fournissent les principaux matériaux de la litière; on la laisse un ou deux mois sous le bétail; et, pour vider les étables, on profite, autant que possible, d'un jour où le mauvais temps ne permet pas d'aller aux champs. Le fumier, enlevé de l'étable, est jeté en tas dans un coin de la cour, exposé à la pluie, au soleil; la volaille et les cochons le bouleversent en tout sens, le purin suit la pente du terrain, et va se perdre dans quelque endroit de l'exploitation ou dans la rue. Le fumier conduit sur les terres est généralement étendu aussitôt; on l'enfouit par le labour qui précède les semailles. Les pommes de terre et le maïs sont fumés directement; mais on évite d'appliquer la fumure au blé, de peur de le faire verser. On met généralement dix tombereaux de fumier bien décomposé, pesant chacun 400 kilogrammes environ, par journal de 38 ares. Tous les fumiers sont mélangés dans ce canton.

A Rabastens, l'ajonc ou thuye, la fougère, les bruyères, forment les deux tiers de la litière ; la plus grande partie de la paille est vendue à Tarbes, pour les besoins de la cavalerie et du haras ; et comme on ne l'échange pas contre des engrais, c'est la terre, en définitive, qui souffre de ce commerce. Les étables sont vidées chaque semaine ; pour les chevaux, on enlève la litière tous les jours, et même deux fois par jour chez quelques propriétaires. Les bergeries ne se nettoient que tous les six mois. Le fumier, dans presque toutes les exploitations, est jeté d'abord dans une fosse creusée dans la cour ; on le met ensuite en carrés, dont la hauteur varie de 2 à 3 mètres ; au bout d'un an, on le conduit sur les terres, dans la proportion de cinq tombereaux, pesant chacun 1250 kilogrammes, par journal de 25 ares 52 centiares.

Dans le canton de Galan, la litière reste

quinze jours à trois semaines sous le bétail. On met le fumier en tas dans la cour, en ayant soin de le couvrir jusqu'au moment où l'on doit le conduire sur les terres. On fume dans la proportion de quatre chars, pesant ensemble 5000 kilogrammes. On répand la semence sur le fumier, et l'on enterre le tout par un seul labour. Le fumier est appliqué de préférence au blé, aux pommes de terre et au maïs; l'avoine et le petit millet n'en reçoivent pas.

Dans les cantons de Trie et de Castelnau-Magnoac, les étables sont vidées cinq ou six fois par an. Le pied du fumier repose dans un trou, et le tas est dressé dans la partie du manoir la plus exposée au nord : le purin est rarement recueilli par les cultivateurs. Conduit sur les champs, le fumier y reste, par petits tas, pendant l'espace d'un mois; aussi compterait-on, au milieu de la récolte sur pied, toutes les places que chacun de ceux-ci

a occupées. La semence est jetée sur le fumier épandu ; on enterre le tout par un seul
labour. Quelques propriétaires fument en
couverture, et s'en trouvent bien. On ne met
guère plus de deux chars par journal de 25
ares 52 centiares, proportion évidemment
trop faible, surtout pour des terres compactes, qui supportent très-bien une forte
dose d'engrais à la fois.

Dans la plaine de Tarbes, les étables sont
vidées tous les dix jours. On dresse le fumier
sur le sol, par tas de 4 mètres cubes ; il reste
six ou huit mois dans la cour : aussi l'emploie-
t-on vieux en général, excepté pour l'orge,
qui s'accommode mieux, suivant les habitants,
d'une fumure fraîche, et surtout de fumier
de cheval. Dans la plaine, le fumier est épandu
aussitôt après avoir été conduit sur les terres.
Les cultivateurs du coteau le laissent quelquefois par petits tas sur les champs pendant

un et deux mois; mais là on ne sème que sur guéret. Le fumier le plus estimé dans la plaine (sol siliço-argileux soumis en partie à l'irrigation), est celui de mouton. Le fumier des bêtes à cornes passe pour le moins bon. On met généralement trois charretées, pesant 900 kilogrammes environ, par journal de 22 ares 43 centiares.

Dans le canton d'Argelès, la paille n'entre que pour une faible proportion dans la litière; celle-ci se compose principalement de feuilles d'arbres, tels que noyers, châtaigniers et cerisiers; on ne la laisse que vingt-quatre heures sous le bétail; après ce temps, le fumier est déposé dans la cour par tas de 1 à 2 mètres cubes, qu'on transporte aux champs quatre mois après leur confection. La plupart des cultivateurs laissent perdre le purin. Le fumier s'emploie très-consommé dans cette localité, où les terres sont légères. Autant que possible, on l'enterre aussitôt après l'avoir épandu.

Dans le canton de Lourdes, la paille et les tiges de maïs forment la plus grande partie de la litière. On fait servir aussi à cet usage les fougères et les feuilles de châtaignier. Le fumier reste cinq à six jours sous les animaux; on le dispose ensuite par tas de 1 mètre 50 centimètres de hauteur, sur 3 mètres de longueur. On ne le charrie sur les champs qu'après qu'il a séjourné six mois dans la cour. Ainsi tout le fumier fait depuis le mois de mai jusqu'au mois d'octobre est appliqué aux semailles d'hiver; celui fabriqué depuis l'automne jusqu'au printemps est réservé pour les mars et pour les prés. Quelques propriétaires sont dans l'usage d'arroser leurs fumiers avec le liquide qui s'en échappe, mais, en général, on laisse perdre le purin. Le fumier est enterré immédiatement après avoir été porté sur les champs. On fume dans la proportion de deux chars par journal de 18 ares 76 centiares. Toutes les récoltes, y compris l'avoine, sont fumées quand on dispose d'une assez grande masse d'engrais. Les terres de cette contrée, à cause de leur nature légère, demandent à être fumées très-souvent. Le fumier frais est préféré pour le froment; on trouve qu'il lui profite surtout en réchauffant la terre. En général, dans le pays, on jette la semence sur le fumier épandu à la surface du sol, et l'on enterre le tout par un même labour. Certains propriétaires enfouissent d'abord le fumier, répandent ensuite la semence, qu'ils recouvrent par un tour de herse : à l'aide de ce procédé, ils obtiennent une économie de semence de près d'un quart.

Dans le canton de Saint-Pé, on réserve la paille pour la nourriture des bestiaux; la litière consiste en feuilles d'arbres ramassées à l'automne, en *thuye* (ajoncs) et en bruyères. On la laisse huit jours sous le bétail; après ce temps, on traite le fumier de la même manière que dans le canton de Lourdes. Toutes les récoltes sont fumées chaque année. Quand on n'a pas assez d'engrais pour en dispenser à toutes les cultures, on l'applique de préférence au froment, et le maïs alors s'en passe. Le procédé contraire serait préférable, suivant nous; il favoriserait la végétation du maïs, plante très-épuisante; le blé trouverait un engrais plus décomposé, et surtout une terre parfaitement nette, ce qui diminuerait beaucoup les frais de sarclage.

A Bagnères, le fumier reste huit ou dix jours sous le bétail; on le dépose ensuite dans la cour par tas de 1 mètre 50 cent. à 2 mètres de hauteur sur 2 mètres de large; il passe l'hiver en cet état. On a soin de creuser un peu l'emplacement du tas, afin que le purin ne s'échappe pas ; beaucoup cependant le laissent perdre. Le fumier aussitôt conduit sur les champs est épandu et enfoui immédiatement. On fume dans la proportion de quatre charretées par journal de 20 ares 35 cent. chaque charretée pesant environ 5oo kilogr. Le fumier est employé très-consommé, à cause de la nature légère des terres. Tous les fumiers sont mélangés. Le fumier de mouton passe pour le meilleur ; en deuxième ligne on place celui de cheval ; les fumiers des bêtes à cornes et des porcs occupent le dernier rang.

Dans la vallée de Campan, le fumier est ordinairement déposé sur le sol par tas de 2 mètres cubes ; quelques-uns le jettent dans des fosses. L'usage général est de l'employer vieux. Le fumier frais est appliqué aux prairies ; on fume dans la proportion de deux chars par journal, pesant chacun 1250 kilogr

Dans le canton de La-Barthe on a renoncé généralement aux feuilles, comme fournissant une mauvaise litière ; on se sert à cet effet de paille et de thuye. Les étables ne sont nettoyées que tous les deux mois ; on remarque que les animaux s'en trouvent mieux pendant l'hiver ; mais l'été ils doivent nécessairement en souffrir beaucoup. Les écuries sont vidées tous les jours ; les fumiers ne sont transportés aux champs qu'à deux époques, à l'automne et au printemps ; ils séjournent pendant six mois en tas dans la cour. Le fumier est enfoui aussitôt après avoir été conduit sur les champs. On fume dans la proportion de huit tombereaux pesant chacun 300 à 400 kil. par journal de 25 ares, et l'on sème la graine sur fumier non enfoui. Quand on le peut, on fume toutes les récoltes, excepté l'avoine et le petit millet. Le fumier s'applique de préférence au blé, au maïs et aux pommes de terre.

Dans la vallée d'Aure, quelques propriétaires abritent leurs fumiers sous des hangars;
les étables sont vidées tous les huit jours.

Dans la vallée de Louron, les fumiers,
au sortir de l'étable, sont jetés dans une fosse,
ils y restent pendant trois ou quatre mois; le
fumier des bêtes à cornes est mêlé à celui
des mules; on l'enfouit aussitôt après l'avoir
conduit et épandu sur les champs. Les fumures
en couverture ne sont usitées dans cette localité que sur les prés.

Dans le canton de Lannemezan, la paille
et la thuye composent la litière; les étables
sont vidées généralement, quatre fois l'an;
chez quelques-uns, seulement tous les six
mois. Le fumier est mis en tas dans la cour.
On l'emploie très-consommé, excepté pour le
maïs et les pommes de terre, qui reçoivent le
fumier au sortir même de l'étable. On fume

dans la proportion de sept à huit chars par journal de 26 ares ; le fumier épandu sur le sol, on y jette la semence et l'on enterre le tout par le même labour. L'avoine n'est pas fumée.

§ II. PARCAGE.

Le parcage est employé dans plusieurs localités du département.

Dans le canton de Vic, on parque depuis la Saint-Jean jusqu'à la Saint-Martin ; les claies sont en bois de frêne, de saule et d'aulne ; elles ont 1 mètre 50 centimètres en tous sens, on calcule qu'il faut une claie pour vingt têtes. Les bêtes entrent au parc vers sept heures du soir, elles en sortent le lendemain à dix heures du matin ; on change le parc à minuit ; l'engrais du parc reste quinze jours à la surface du sol ; les bons cultivateurs ont soin de l'enterrer aussitôt que les bêtes ont quitté l'emplacement. On parque dans ce canton pour le blé, quelquefois aussi, mais rarement sur les prés, jamais sur les semailles. Le parc se fait sentir pendant deux ans.

Dans le canton de Castelnau, le parcage n'est point usité; mais lorsque les moutons arrivent de la montagne, vers la fin de l'automne, les bergers auxquels appartient le troupeau s'entendent avec un propriétaire pour loger leurs bêtes. On les héberge pendant tout l'hiver, moyennant le fumier, qui est abandonné au propriétaire. Celui-ci reçoit quelquefois, en outre, un agneau et du lait; il n'est tenu qu'à fournir la litière.

Dans le canton de Rabastens, le parc commence à la fin de juin pour cesser en octobre. Les claies sont faites en osier. Les bêtes entrent au parc à la nuit tombante, elles en sortent lorsque la rosée est dissipée. Ce genre de fumure se donne, en général, sur la jachère ; plusieurs communes se réunissent pour mettre ensemble leurs troupeaux au parc ; celui-ci renferme ordinairement deux à trois cents bêtes. On paye 5 centimes par tête d'animal ; on donne un seul coup de parc par nuit.

Dans les communes d'Ibos et d'Ossun, le parcage commence en août et finit en décembre ; les bestiaux entrent au parc à sept ou huit heures du soir, et en sortent le lendemain à dix heures du matin ; on ne change pas le parc pendant la nuit ; on l'enterre huit ou dix jours après que les bêtes ont changé de place. Quand on parque pour le blé, la semence est jetée sur l'engrais, et le tout est enfoui par un seul labour.

Dans les cantons de Trie, de Castelnau-

Magnoac et de Tournay, on ne parque pas;
les bêtes à laine passent la nuit à la bergerie.

Sur les coteaux du canton d'Argelès, le
parcage commence en août, au retour des
bêtes à laine de la montagne, et se prolonge
jusqu'aux neiges. Les claies sont en bois et ont
un mètre de hauteur; les troupeaux entrent
au parc à l'entrée de la nuit pour en sortir à
neuf heures du matin; quelquefois, mais rarement, ils y restent pendant deux nuits consécutives. Cette espèce de fumure s'applique de
préférence au seigle, à l'orge et au froment.

A Lourdes, le parcage a lieu depuis le 15
septembre jusqu'au 1ᵉʳ décembre; le froment
est la seule récolte à laquelle on applique le
parc; quelques prairies reçoivent aussi ce
genre de fumure, mais c'est une dérogation
à la coutume du pays; on observe cependant

que les prés parqués produisent une herbe très-épaisse; le sol s'améliore beaucoup par le parc; le blé parqué donne une paille plus belle et un grain plus lourd. Les claies ont 1 mètre 10 centimètres de hauteur; les bêtes entrent au parc à la nuit tombante et en sortent sur les neuf heures, quand la rosée est dissipée. Chaque parc contient environ quatre cents bêtes qui fument 10 ares par nuit.

A Saint-Pé, on parque depuis le mois de septembre jusqu'à la Toussaint; on ne donne qu'un coup de parc par nuit. Il arrive parfois que deux ou trois propriétaires réunissent leurs troupeaux pour parquer réciproquement trois ou quatre nuits de suite, l'un chez l'autre.

Dans la vallée de Louron, le parc commence au mois d'août, quand les troupeaux reviennent de la montagne, il finit à la Toussaint.

Dans la vallée de la Neste, on ne parque pas; en revanche, le parcage a lieu à Heich, dans la vallée d'Aure, à Bordes, à la Bastide, etc. Les claies ont 1 mètre de hauteur; chaque parc renferme de soixante à cent bêtes; le parcage commence en juin jusqu'à la fin de l'été; les animaux sortent du parc vers les huit ou neuf heures du matin. On parque principalement sur les prés.

Le parcage est inusité à Lannemezan.

§ III. FUMURES VERTES.

L'usage d'enfouir des plantes en pleine fleur, en guise d'engrais, ne s'observe que dans un petit nombre de localités du département, notamment à Vic, à Maubourguet et à Rabastens.

Le lupin est la plante qu'on préfère pour cet effet; à Vic et du côté de Rabastens, on le sème sur un seul labour à la volée, en septembre, dans les sols maigres et caillouteux , et, quand les têtes sont bien fleuries, on les renverse par un coup de charrue. Cette époque coïncide ordinairement avec la mi-mai.

Après du lupin enterré en vert, on sème ordinairement du maïs.

A Maubourguet, on enterre quelquefois le trèfle rouge en fleur, pour semer dessus du maïs. Le trèfle incarnat est souvent enfoui en vert pour servir d'engrais au maïs.

La pratique des fumures vertes mériterait d'être propagée dans les contrées où l'on manque d'engrais. Le sàrrasin peut être utilisé de la même manière : il partage avec le lu-

pin l'avantage de se contenter d'un sol pauvre,
mais il faut que celui-ci soit bien travaillé.

§ IV. COMPOSTS.

Quelques cultivateurs du département fa-
briquent des composts, mais leur nombre est
fort restreint. Les uns répandent, à l'entrée
de l'hiver, dans leur cour, des feuilles, des
ajoncs, des bruyères, des tiges de maïs, et font
passer le bétail sur ces matériaux; au mois de
mars on les dresse en tas, que l'on brasse à
diverses reprises : quand le mélange est bien
opéré, on conduit l'engrais à l'extrémité des
pièces en attendant qu'il puisse être employé;
on s'en sert pour fumer les prés et le maïs.

D'autres emploient principalement les terrages pour former leurs composts. Pendant
l'été ils font recueillir de la terre qu'ils mêlent
par couches avec du fumier d'étable; ils y

ajoutent de la marne ou de la chaux ; on
bêche et l'on brasse le tout à diverses reprises.
Dans quelques exploitations on fait un mélange de balles de grains et de terre ; on brasse
à deux ou trois reprises le compost, et au
mois de mars ou d'avril on le transporte sur
les terres dans la proportion de 3 ou 4 mètres
cubes par journal de 22 ares 43 centiares.
Dans la commune d'Ibos, on place assez souvent des tranches de gazon dans le fumier en
les mêlant par couches alternatives : une ad-
dition de chaux sur le gazon en accélérerait
promptement la décomposition.

MARNAGE ET CHAULAGE.

L'excellente pratique du marnage et du
chaulage est introduite depuis longtemps dans
les Hautes-Pyrénées ; partout où on l'a appliquée avec intelligence, on en a obtenu de
très-bons résultats. Les doses du marnage et

du chaulage ne sont pas les mêmes dans chaque arrondissement.

Le marnage et le chaulage ne sont appliqués qu'exceptionnellement dans le canton de Vic.

Dans le canton de Castelnau-Rivière-Basse on chaule dans la proportion de 12 hectol. par 22 ares ; la chaux est employée vive. On la dépose par petits tas sur le sol, dans les mois de septembre et d'octobre ; on la répand à la pelle quand elle est bien délitée, puis on l'enterre immédiatement par un labour léger. Il est rare qu'on fume l'année même où l'on chaule, mais on le fait l'année suivante ; c'est sur la jachère travaillée par trois labours qu'on répand la chaux ; on sème ordinairement un blé dans l'année de l'amendement. On revient au chaulage tous les dix-huit ou vingt ans.

L'importation de la marne dans le canton de Rabastens ne remonte pas à plus de vingt-cinq ans ; depuis qu'on en connaît les merveilleux effets, aucune argile n'est réputée mauvaise; le sol marné acquiert un tiers en sus de valeur le lendemain même de cette importante amélioration. La marne est mise en automne sur le chaume de la dernière céréale récoltée; on la laisse en tas jusqu'à ce qu'elle soit bien délitée par la gelée; ce point atteint, on la répartit avec une pelle sur toute la surface du champ et on l'enfouit par un labour superficiel. On marne dans la proportion de 200 à 250 tombereaux d'un demi-mètre cube chacun, par journal de 25 ares 52 centiares. L'opération, dans un rayon d'une lieue à partir de la marnière, ne coûte pas plus de 5o fr. en moyenne, l'extraction se paye à raison de 5 centimes le tombereau ; le transport au champ coûte 3o centimes : il faut deux journées d'hommes pour l'épandement. Le marnage, bien fait, peut n'être répété que tous les quinze ou vingt ans. On fume l'année même où l'on marne. On prend un blé en première récolte, lorsque la marne est calcaire ; quand elle est argileuse, on préfère semer du maïs immédiatement après le marnage. Entre la Cassagne et Saint-Sever, on emploie sur les terres fortes une marne très-riche en calcaire, dans la proportion de 60 mètres cubes par journal de 25 ares 52 centiares.

Dans le canton de Tournaÿ on applique 160 mètres cubes par hectare sur les terres de la plaine ; la marne est portée en juin et juillet ; on fume l'année même du marnage.

A Mauléon-Magnoac on met 27 tombereaux par 26 ares environ ; les frais du marnage ne dépassent pas 42 francs quand on n'est pas trop éloigné de la marnière. C'est

une marne coquillière, qu'on tire de Laren.
A Castelnau la dose de marne est beaucoup
plus considérable.

Dans la plaine de Tarbes, on met 3 mètres
cubes de marne par 22 ares ; sur les coteaux
on en emploie le double; mais le sol de cette
dernière localité est une boulbène forte qui
supporte très-bien cette proportion; le sol
chaud et léger de la plaine s'en trouverait
mal. Les frais de marnage reviennent à 15 fr.
dans la plaine et à 25 francs sur les coteaux.

A Ibos et à Ossun, certains cultivateurs
chaulent leurs terres tous les deux ou trois
ans, en y répandant à la volée 600 kilogr.
de chaux réduite en poudre, par journal de
22 ares 44 centiares. On marne tous les dix
ans dans la proportion de 25,000 kilogr. par
journal. On a toujours soin de fumer l'année
même où l'on applique la marne ou la chaux.

Dans le canton d'Argelès on ne marne pas;
le chaulage n'y est pas pratiqué.

La chaux, dans le canton de Saint-Pé, n'est
appliquée qu'aux terres des coteaux. On emploie 1250 à 1500 kilogr. de chaux vive par
journal de 18 ares 76 centiares. Les 100 kil.
reviennent à 1 fr. 50 c. On chaule tous les
huit ans, en ayant soin de fumer dans l'année
même de l'amendement. On ne marne pas
dans les vallées de Louron, d'Aure, ni dans
celle de Campan.

En revanche, le marnage est fort apprécié
dans le canton de Lannemezan; c'est une
marne argileuse qu'on emploie sur ce sol de
landes. Les uns l'appliquent pure, les autres
la mêlent avec de la terre et la laissent en
tas pendant six mois à l'extrémité de leurs
champs. En tirant sur Bagnères, on marne
dans la proportion de dix à douze chars par

journal; vers Galan, les terres n'ont pas autant de fond, on met cinq à six chars; le char
revient à 4 francs, extraction et transport
compris. La marne fait sentir son action pendant dix ou douze ans; après ce temps, on est
obligé de répéter l'opération.

C'est surtout sur le sol des landes que la
marne produit des résultats surprenants : la
présence du calcaire suffit presque pour en
changer la nature. Tant qu'on ne lui a pas
donné cet amendement, le sol se soulève
dans le temps des gelées ; lors des pluies continues, tout est noyé ; les sécheresses rédui-
sent les terres en poussière : à moins d'une
température extrêmement favorable et, partant, fort rare, le cultivateur est donc sans cesse
exposé à voir ses récoltes compromises dans
un sol aussi ingrat; mais à peine celui-ci a-t-il
été marné, la métamorphose est complète ;
la plupart de ses défauts ont disparu ; et, d'une

mauvaise terre à seigle on a fait une terre à
blé : on sent dès lors quels immenses avantages le marnage et le chaulage peuvent offrir à tous les propriétaires et surtout à ceux
du canton de Lannemezan.

ASSOLEMENTS.

Il existe un air de famille très-prononcé
dans les assolements des trois arrondissements
du département. Partout le maïs, le farouch
et le blé forment la base des cultures ; les
différences, ou, pour mieux dire, les addi-
tions de récoltes qu'on observe dans les rotations de certaines localités, s'expliquent, d'une
part, par la nature particulière du sol, de
l'autre, par la masse d'engrais dont on dispose.
Le climat joue aussi un rôle dans la variété des
cours ; il est loin, toutefois, d'avoir l'importance qu'on lui supposerait d'abord, si ce

n'est au fond des montagnes. La faible proportion des plantes fourragères appelées à soutenir l'exploitation, cesse de surprendre lorsqu'on se rappelle que le cultivateur des Hautes-Pyrénées tient fort peu de bétail de rente ; il n'a donc qu'à songer à la nourriture de ses bêtes de trait ; la plus grande partie du bétail de rente qu'on élève sur la propriété passe quatre mois de l'année dans les pâturages des montagnes, et vit l'hiver sur les communaux ; aussi suffit-il d'une petite quantité de fourrage sec pour l'empêcher de mourir de faim à l'étable, lorsque le mauvais temps l'empêche d'aller pacager.

Sur les bords de l'Adour, dans toute la partie qui longe cette rivière, l'assolement biennal, blé et maïs, règne exclusivement ; en dehors de cette ligne, le blé alterne constamment avec la jachère ; la plupart des terres, entre l'Adour et l'Échez, ne sont pas soumises au repos, on les ensemence chaque année en méteil et en maïs.

Depuis Vic, à l'ouest de l'Adour, jusqu'à Tarbes, les terres ne connaissent pas de jachère ; blé, farouch et maïs, tel est l'assolement de tous les cultivateurs de ce canton. Le farouch est semé, en deuxième récolte, sur l'éteule du blé ; partie est donnée en vert au bétail, partie est convertie en fourrage ; parfois aussi on l'enterre en vert, et l'on sème immédiatement du maïs sur cette fumure végétale. Quelques-uns, après le farouch, font une demi-jachère ; l'assolement se trouve alors modifié de la manière suivante : première année, blé fumé, suivi de farouch ; deuxième année, récolte du farouch et demi-jachère ; troisième année, blé ; quatrième année, maïs fumé.

Il arrive aussi qu'on distrait une portion

de la sole de blé pour y semer un peu d'orge ou d'avoine ; l'année suivante, toute la sole est rendue intégralement au maïs. Les fèves se sèment sur la jachère, à laquelle on a recours accidentellement ; on prend sur la sole du blé pour cultiver le lin. Les prés sont en dehors de la rotation ; on compte 1 hect. de prés par chaque paire de bœufs ; le trèfle incarnat et les têtes du maïs complètent leur nourriture.

Dans le canton de Maubourguet, l'assolement le plus en vogue est triennal, on a :

1° Jachère fumée ;
2° Blé, suivi de farouch ;
3° Maïs fumé.

Quelques-uns prennent de temps à autre un blé après le maïs ; dans ce cas, le maïs est semé en lignes, espacées entre elles de

2 mètres; l'intervalle entre les lignes reçoit six labours dans le courant de l'année, et est traité comme une véritable jachère. Chez un petit nombre de cultivateurs, l'assolement subit une modification temporaire : dans le blé de jachère, on sème un trèfle qui dure deux ans, et auquel succède un blé; le maïs fumé ferme la rotation; quelquefois on enterre le trèfle en guise de fumure verte dès la première année, et l'on sème dessus du maïs.

Dans le canton de Castelnau, on suit un cours de trois ans : jachère, blé et maïs; entre les deux céréales, on a presque toujours un trèfle incarnat, fauché, partie pour être donné en vert, partie pour être donné en fourrage. Quand on fait des fèves ou des pommes de terre, c'est au détriment de la sole de maïs.

Dans les terres de première classe du canton de Rabastens, on a : blé, farouch et maïs, qu'on transforme quelquefois en un assolement de cinq ans, en remplaçant le farouch par un trèfle ; dans ce cas, l'on suit ce cours :

1° Maïs fumé ;
2° Blé ;
3° Trèfle rouge ;
4° *Idem ;*
5° Blé.

Les pommes de terre occupent une partie de la sole du maïs.

Dans les bonnes terres, on prend quelquefois de suite deux maïs fumés, puis on leur fait succéder un blé.

Sur les terres de deuxième classe, on a l'assolement biennal jachère et blé, converti quelquefois en jachère, blé et avoine.

Les terres de troisième classe ne produisent que de deux années l'une ; ainsi :

1° Jachère ;
2° Seigle ou avoine.

Les prés sont en dehors de la rotation.

Dans le canton de Galan, les petits propriétaires cultivent annuellement maïs et froment ; les autres ont :

1° Jachère ;
2° Froment fumé ;
3° Trèfle ;
4° Blé ;
5° Avoine.

On recommence le cours par une jachère, dont moitié est pure, et l'autre est semée en maïs fumé.

A Tournay, on suit généralement l'assolement biennal :

1° Blé fumé, suivi de farouch ;
2° Maïs.

Sur les landes de ce canton, l'avoine remplace le froment. On a souvent recours à la jachère.

Dans le canton de Castelnau-Magnoac, la jachère alterne régulièrement avec le froment ; on y rencontre aussi l'assolement triennal pur jachère, blé et avoine. La plupart des terres de cette localité sont d'excellentes terres à froment, difficiles à cultiver, il est vrai, et dont la jachère accidentelle ne saurait être proscrite sans inconvénient ; néanmoins, si l'on semait un peu plus de trèfle qu'on ne le fait, mais en le récoltant pour fourrage, au lieu de le laisser venir à graines, ainsi que la plupart des cultivateurs ont accoutumé d'en user ; si l'on y semait des vesces, des fèves surtout, auxquelles ce sol argileux convient si bien, on pourrait ne pas faire revenir la jachère tous les trois ans, encore moins tous les deux ans : cette contrée laisse singulièrement à désirer sous le rapport des rotations ; beaucoup de cultivateurs n'y connaissent encore la luzerne que de nom.

Dans la plaine de Tarbes, on suit généralement ce cours :

1° Froment suivi d'un farouch ;

2° Maïs, avec haricots : les deux céréales sont fumées.

Une partie de la sole du maïs est quelquefois occupée par des pommes de terre fumées ; les prés sont en dehors de l'assolement.

Sur les coteaux, on a l'assolement triennal :

1° Jachère fumée ;
2° Seigle ou blé ;
3° Avoine non fumée.

Dans la plaine, quand on laisse le farouch venir à graines, on le remplace, la même année, par du sarrasin.

Dans certaines communes, on trouve aussi les rotations suivantes :

1° Blé fumé ;
2° Avoine sans fumure ;
3° Maïs fumé ;

1° Blé ;
2° Orge ;
3° Maïs.

Dans le second cas, toutes les récoltes sont fumées : quelques-uns, dans les plus mauvaises terres, ont jachère, blé, jachère, maïs.

Dans le canton d'Argelès, on retrouve l'assolement de la plaine de Tarbes, blé, farouch, maïs et haricots, mais avec la culture du lin, des pommes de terre et du sarrasin ; dans ce cas, on a :

1° Maïs fumé ;
2° Blé fumé ;
3° Lin fumé ;
4° Petit millet sans fumure.

Les pommes de terre occupent une partie de la sole du maïs ; elles sont fumées. On a des pâturages communaux et des prairies en dehors de l'assolement.

Dans le canton de Lourdes, l'assolement

est à peu près le même; seulement la proportion des récoltes est différente; sur 20
hectares, on n'en a que 3 en blé, le reste est
semé en maïs; le lin se place après le blé;
il est suivi de pommes de terre. Il est des
champs dans cette localité, qui n'ont jamais
porté que du maïs : toutes les récoltes sont
fumées.

A Saint-Pé, on retrouve l'assolement dominant du département, blé, farouch et maïs;
chacun fait sur la sole de maïs un peu de
pommes de terre pour la consommation, et
pour l'engrais des veaux et des porcs.

A Gèdre et à Gavarnie, les pommes de
terre et l'orge alternent avec le seigle; celui-ci
est suivi ordinairement d'un sarrasin; toutes
les récoltes sont fumées. On y cultive aussi
de la dravière (vesces et seigle).

Dans le canton de Bagnères, on suit deux sortes d'assolements : sur les coteaux, on a jachère et céréales, c'est-à-dire blé, méteil ou seigle ; dans la plaine, la rotation est biennale ; première année : lin, maïs, pommes de terre ; deuxième année : blé, orge ou seigle : toutes les récoltes sont fumées. On a des prés en dehors de l'assolement.

L'assolement généralement suivi dans la vallée de Campan est des plus remarquables : c'est un cours de quatre ou cinq ans, alternant avec des prairies irriguées que l'on défriche tous les cinq ans. La première année, on rompt la prairie et on l'écobue ; cela fait, on prend un premier blé sans fumure ; la deuxième année, on sème un blé, après avoir donné une fumure au sol ou avoir écobué ; la troisième année, on a du maïs ou des pommes de terre fumés ; à la quatrième année, on sème, après avoir fumé, un seigle dans lequel on jette de la fleur de foin. Le maïs et les pommes de terre profitent du bienfait de l'irrigation. Les prés sont irrigués. Le sol de cette vallée est un sable mêlé d'argile, auquel le repos convient parfaitement.

Dans le canton de La-Barthe, l'assolement ordinaire est blé et maïs fumés, ou bien l'on a :

- 1° Blé;
2° Pommes de terre;
3° Avoine de printemps.

On sème du farouch sur le chaume du blé, ou bien l'on prend un sarrasin en deuxième récolte.

Quelquefois encore on sème du petit millet sur le blé; mais, le plus souvent, c'est sur un défriché de pré qu'on met cette plante.

Les prés sont quelquefois convertis en culture; et, dans ce cas, après le défriché, on a :

1° Petit millet non fumé ou lin;

2° Blé fumé, suivi de sarrasin, dans lequel on sème du farouch;

3° Maïs fumé;

4° Blé fumé, dans lequel on sème un pré : assolement très-productif, et que supporte très-bien le sol fumé aussi souvent et sarclé avec soin.

Dans le canton de Lannemezan, la rotation est établie ainsi qu'il suit :

1° Seigle fumé;

2° Avoine, suivie de farouch;

3° Farouch et petit millet, dans lequel on sème un trèfle;

4° Trèfle;

5° Trèfle; on ne prend qu'une coupe, et l'on fait une demi-jachère;

6° Blé.

Dans les sols meilleurs, on a :

1° Blé;

2° Avoine;

3° Farouch;

4° Maïs fumé; on a quelquefois recours à la jachère.

Dans la vallée de Louron, on a :

1° Blé fumé, seigle ou lin, suivi de sarrasin;

2° Chanvre, orge ou pommes de terre fumés. On a des prés en dehors de l'assolement; les animaux pacagent dans les communaux.

Dans la vallée d'Aure, la moitié de la terre

est cultivée en blé et en seigle ; l'autre moitié porte de l'orge, des pommes de terre, du lin, du sarrasin et aussi du maïs, mais seulement jusqu'à Ancizan ; passé cette limite, la réussite du maïs est très-chanceuse. Il existe de nombreuses prairies le long de la Neste ; elles fournissent la provision d'hiver pour le bétail.

CULTURE DES PLANTES.

Les plantes agricoles que l'on cultive dans le département des Hautes-Pyrénées, sont, parmi les céréales : le blé, le seigle, le méteil, l'avoine, l'orge, le millet, le maïs et le sarrasin ; comme récolte-racines, la pomme de de terre ; parmi les légumes, la fève, les haricots, les lentilles et la vesce ou dravière ; comme prairies artificielles, le farouch, le trèfle et la luzerne ; parmi les plantes textiles, le lin et le chanvre ; la vigne et les prairies naturelles.

CÉRÉALES.

BLÉ.

On cultive plusieurs variétés de blé dans les Hautes-Pyrénées. Dans l'arrondissement de Tarbes, on sème, en général, du blé fin. L'hectolitre pèse, en moyenne, 70 à 72 kilogrammes. A Castelnau-Magnoac et à Trie, on cultive du blé gros et du blé fin : le premier est plus rustique, il se contente de terres moins riches et verse moins ; le second donne une paille plus fine et un grain de qualité supérieure ; mais il veut un sol de bonne qualité.

Près de Tarbes, la variété la plus estimée est un blé barbu, appelé *séragniet;* sa farine est très-blanche. On fait aussi beaucoup de cas du *roussillon rouge*, blé sans barbes, plus pâle et plus productif que le séragniet : ce dernier ne verse pas ; on trouve qu'il est moins sujet à la rouille que le précédent.

Dans le canton d'Argelès, on donne la préférence au gros blé barbu, bien qu'il pèse moins que celui de la plaine : l'hectolitre dépasse rarement 70 kilogrammes.

Dans la vallée d'Aure, on sème de préférence un froment rouge d'Espagne, connu dans le pays sous le nom de *blé galerne ;* il est assez productif, mais sujet à être attaqué par les gelées.

Dans les meilleures terres du bassin de la Neste, on sème du blé fin; dans les autres parties de la contrée, on a du blé gros.

A La-Barthe, le blé rouge (gros blé) est

moins sujet à verser ; on le sème de préférence dans les terrains gras et dans les sols humides.

Le sol qu'on préfère pour le blé, dans les Pyrénées, est un sol plutôt fort que léger ; toutefois cette céréale produit un grain d'excellente qualité dans les terres de la plaine de Tarbes et dans le riche sol d'alluvion du canton de Vic.

Les bonnes terres du canton de Rabastens, la plupart des sols argileux de Tournay, de Pouyastruc, de Castelnau-Magnoac et de Galan, sont des terres à blé par excellence, et ne demandent, pour donner de riches récoltes, qu'à être bien fumées, labourées profondément et égouttées avec soin.

La place qu'on assigne au blé dans la rotation n'est pas la même dans toutes les localités; les uns le placent après une jachère, les autres après un farouch suivi d'une demi-jachère ; le plus grand nombre le sèment après un maïs, quelques-uns après un trèfle de deux ans, plusieurs dans l'éteule du trèfle qui n'a duré qu'une année. Quelquefois le blé succède à deux récoltes consécutives de maïs fumé. Dans quelques localités, les fèves précèdent le blé. Dans certaines parties du canton de Bagnères, le blé succède au lin et aux pommes de terre. Dans la vallée de Campan, on prend souvent un blé sur un défriché de gazon, puis un deuxième blé, ce dernier fumé. Enfin, dans la vallée de Louron, le blé succède aussi au chanvre.

Après une jachère, surtout dans les terres fortes qui ont besoin d'être divisées, le blé rend plus en paille et en grain qu'après toute autre récolte ; à Vic, on trouve qu'il produit ainsi un tiers de plus qu'après le maïs fumé et biné.

On obtient d'assez bonnes récoltes en blé, lorsque cette céréale succède à un farouch qu'on a fauché en pleine fleur, et qu'on a fait suivre d'une demi-jachère; elle profite alors des détritus du trèfle, et on a le temps de donner au moins deux façons à la terre avant les semailles.

Tout le monde est d'avis, dans le département que le maïs est un médiocre précédent pour le blé, principalement dans les sols légers d'alluvion, soit qu'il épuise trop la terre, soit que les cultures auxquelles on le soumet tiennent le sol trop *creux*, soit enfin que la récolte tardive du maïs ne permette pas de travailler convenablement le terrain avant de semer le blé : toujours est-il qu'on éprouve une forte diminution sur les produits de cette dernière céréale. On évalue le déficit à un tiers de la récolte.

Le trèfle passe pour un excellent précédent pour le blé, toutes les fois que le fourrage a bien réussi. Le point essentiel, dans ce cas, n'est pas de garder le trèfle pendant deux années consécutives, comme beaucoup de cultivateurs ont coutume de le faire ; c'est de ne pas laisser les mauvaises herbes détruire le bien produit par la légumineuse. Un trèfle d'un an bien réussi, renversé avant que les mauvaises herbes ne s'y soient montrées, forme une très-bonne préparation pour le blé : il en est de même, à plus forte raison, pour le trèfle de deux ans, si celui-ci était bien venu ; seulement il serait nécessaire de semer un peu plus clair, de peur que le blé ne versât sur d'aussi riches débris.

Les fèves sont, après la jachère, la meil-

leure récolte qu'on puisse cultiver immédiatement avant le blé dans les sols argileux,
pourvu, toutefois, qu'on les sème en lignes,
et qu'on ait soin de les biner chaque fois
qu'elles le réclament. Semées à la volée,
encore même qu'elles aient bien réussi, elles
perdent beaucoup de leurs avantages par
rapport au blé.

Le lin (lin d'hiver), laissant la terre libre
de bonne heure, et, partant, permettant de
préparer le sol par plusieurs labours avant la
semaille d'automne, est regardé comme un
assez bon précédent du blé dans certaines
vallées des Pyrénées. La nature épuisante de
cette récolte est rachetée par la fumure qu'on
lui applique et par le nouvel engrais que reçoit le blé.

Les pommes de terre, toutes les fois qu'elles
sont récoltées d'assez bonne heure, sont une

assez bonne préparation pour le blé ; seulement, la céréale, à cette place, rend plus en grain qu'en paille.

Après le chanvre, le blé réussit toujours parfaitement; ce qui s'explique d'une part, par la culture soignée qu'on donne au sol destiné à porter du chanvre ; de l'autre, par l'énorme quantité de fumier qu'on applique à cette plante : ce précédent est fort peu employé dans le département.

La préparation du sol varie suivant les localités. Dans le canton de Vic on donne quatre labours quand le blé est semé sur jachère, un ou deux seulement lorsqu'il succède au maïs. Dans les parties caillouteuses du canton, on sème sur labour frais; dans les sols assez consistants, on préfère semer sur vieux labour; la jachère est toujours fumée; pour le blé on se sert de fumier décomposé dans la plaine et sur les coteaux. Si le blé succède au maïs, on applique avec raison l'engrais à la récolte sarclée. A Castelnau, le blé sur jachère reçoit au moins quatre façons ; on sème sur labour frais. Quand le maïs précède le blé, on fume pour la récolte sarclée : on a remarqué dans cette localité que les blés fumés directement étaient exposés à verser ; cet inconvénient n'aurait pas lieu, vraisemblablement, si l'on fumait en couverture ; mais, à moins de circonstances particulières où l'on pourrait avoir besoin de recourir à cette mesure, il vaut mieux suivre l'usage excellent du pays ; de cette manière, les mauvaises herbes que le fumier, plus ou moins fait, apporte toujours avec lui, sont successivement détruites par les façons données au maïs.

A Rabastens, le blé sur jachère reçoit quatre labours ; le premier a lieu en décembre, le deuxième en avril, le troisième en août,

le quatrième au moment de semer ; le fumier
est enfoui au premier labour.

Dans le canton de Galan, les cultivateurs
de la plaine préparent la terre par cinq labours, lorsque le blé succède à la jachère ;
ceux des coteaux n'en donnent que trois. On
sème sur labours frais.

A Castelnau-Magnoac, la jachère reçoit
cinq façons ; on sème le blé sur labour d'un
mois.

Dans la plaine de Tarbes, on sème le blé
sur un seul labour ; la terre est préparée ainsi
qu'il suit : on abat les ados du maïs avec un
instrument appelé *sarcloir ;* on épand le fumier, on jette la semence et on enterre le tout
par un labour de 10 centim. Le sol se trouve
disposé en petits sillons ; les deux dernières
raies sont moins profondes que les autres.

Dans la vallée de Campan la terre à blé reçoit deux labours de 16 centimètrès.

Près de Bagnères, on renverse les chaumes du maïs, on épand le fumier, on jette la semence et on enterre le tout par un labour.

Dans la vallée de Campan, le blé, quand il est semé sur un gazon rompu, ne reçoit qu'un seul labour; lorsque le blé succède à un blé, la préparation est différente. La récolte enlevée, on écroûte le sol, on dispose les bandes de terre par petits tas; puis, quand ceux-ci sont secs, on y met le feu, on répand les cendres à la surface du champ, en ayant soin d'enlever la terre à l'endroit même où l'on a mis le feu aux tas, de peur que les récoltes n'y versent; on sème en outre très-clair. Dans la vallée de Louron, la terre qui doit recevoir du blé est préparée par trois labours.

Dans le canton de La-Barthe, le blé reçoit trois labours préparatoires. On parque quelquefois pour cette céréale, mais on a remarqué qu'avec cette fumure elle était plus sujette à s'emporter. On fume directement pour le blé avec du fumier d'étable.

Dans l'arrondissement d'Argelès, le sol reçoit la même préparation que près de Bagnères.

En général, après le maïs, le blé ne reçoit qu'un, ou tout au plus deux labours; après un trèfle, il est rare qu'on le sème sur une seule façon; presque toujours le sol est soumis à une jachère d'été. Après les fèves, on donne un ou deux labours à la terre; après du lin, il y a demi-jachère; après les pommes de terre, on ne donne jamais plus de deux labours; il en est de même lorsque le blé succède au chanvre.

Le choix, la préparation de la semence, le temps des semailles et les produits de culture varient beaucoup.

A Vic, on ne change pas de semence; le chaulage s'exécute de deux manières : la plus usitée consiste à faire éteindre de la chaux dans un cuvier, pour y jeter ensuite le blé. On écume tous les grains qui viennnent à la surface de l'eau, on brasse le blé à plusieurs reprises, et, quand il a séjourné pendant douze heures dans l'eau, on le retire du cuvier et l'on procède à l'emblavement aussitôt qu'il est suffisamment sec. Par le second procédé, on ajoute une certaine quantité de vitriol (sulfate de cuivre) à la chaux; le reste de l'opération s'accomplit de la même manière. On sème dans la proportion de 75 litres par journal de 22 ares; les semailles ont lieu depuis octobre jusqu'en décembre. Si l'hiver et le printemps sont doux, les semailles pré-

coces exposent le blé à verser ; l'hiver est-il
rigoureux, les semailles tardives amènent de
pauvres résultats. L'espace de temps qui s'é-
coule depuis la Toussaint jusqu'à la Saint-
Martin est regardé comme la meilleure époque pour les semailles dans cette localité.
Sur les coteaux on sème un peu plus tôt.
Dans les mois de mars, d'avril ou de mai,
suivant que la température le permet, on
donne un seul sarclage au blé ; les cultivateurs éclairés, malheureusement en petit
nombre, font passer la herse sur leurs blés
dans le mois de mars ; cet excellent procédé,
d'une nécessité presque absolue dans les sols
consistants dont la surface a été battue par
les pluies de l'hiver, devrait être généralement adopté. Non-seulement il est avantageux
aux blés semés trop épais, mais il profite encore aux semailles claires, en les faisant taller.
Le moment le plus favorable pour exécuter
le hersage est celui où la chaleur a déjà com-

mencé à pénétrer le sol et où les plantes se réveillent de leur engourdissement ; on choisit, autant que possible, pour cette opération, un temps chaud et humide : le hersage est d'autant plus profitable qu'on le pratique avec plus d'énergie. Il est rare qu'on soit obligé, à Vic, d'effaner les blés avec la faucille : on se contente de faire passer rapidement les moutons dans le champ, aussitôt qu'on s'aperçoit que la récolte a de la tendance à s'emporter. Pendant sa végétation, le blé est sujet à plusieurs maladies ; les plus fréquentes sont : la rouille, le rachitisme et la coulure. La rouille est attribuée généralement aux brouillards qui règnent souvent au printemps ; le rachitisme, chez les uns, reconnaît pour cause les froids tardifs auxquels le blé a été exposé ; chez les autres, il dérive d'une semence imparfaite ; quant à la coulure, tout le monde en accuse les pluies tenaces du printemps, qui coïncident souvent avec la floraison du blé et font avorter une partie des grains, en lavant le pollen. La maturité du blé a lieu au commencement de juillet. A Vic, les cultivateurs attendent que le grain soit bien mûr pour y mettre la faucille, mais, à l'exception du blé qu'on veut réserver pour semence, il serait préférable de couper avant que la récolte soit tout à fait mûre, c'est-à-dire lorsque la substance intérieure du grain est à l'état de pâte solide et ne contient plus de lait. On sait que le blé coupé un peu sur le vert a plus de main et fournit une plus belle farine que le grain trop mûr : le moindre défaut de celui-ci est de se racornir et de perdre ainsi beaucoup de son prix aux yeux de l'acheteur. Dès que le blé est faucillé, on le laisse en javelles pendant quatre ou cinq jours, on le lie ensuite à un lien, et, lorsqu'il a été mis en *gerbiers* de 10 gerbes, on le transporte immédiatement à l'exploitation. Ce n'est qu'après que toute la récolte a été rentrée, qu'on dispose l'aire à battre le grain. On choisit pour cela un endroit de la cour qu'on balaye et qu'on couvre d'une couche de bouse de vache ; lorsque le soleil a suffisamment séché l'enduit, on garnit l'aire d'un certain nombre de gerbes et l'on procède au battage à l'aide de fléaux : le blé est vanné à la fin de chaque jour, pendant tout le temps que dure le battage ; cette opération complétement terminée, on vanne une deuxième fois le blé et on le porte au grenier. Là, il est étendu en tas de 1 mètre de hauteur, et l'on a soin de le remuer souvent pendant les premiers temps, afin qu'il ne s'échauffe pas : ceux qui négligent cette précaution essentielle s'exposent à avoir leur récolte échauffée et ravagée par le charençon et l'alucite. Le rendement du blé, à Vic, est estimé à 6 pour 1.

En général, dans le canton de Castelnau,

on ne change pas de semence ; quelques cultivateurs, par exception, tirent leur semence
des bas-fonds pour en emblaver les terres
des coteaux, et réciproquement. Le chaulage
s'effectue en plongeant le blé dans une comporte contenant un lait de chaux; on enlève
tous les mauvais grains qui se montrent à la
surface du liquide, et on retire la semence
du cuvier après l'avoir brassée plusieurs fois.
Les semailles ont lieu depuis le 1ᵉʳ octobre
jusqu'au 1ᵉʳ décembre; la meilleure époque
est à compter du 20 octobre jusqu'au 20
novembre. On répand 1 hectolitre par journal
de 22 ares; on sarcle vers le 15 de mai; jamais on n'effane. Les pluies prolongées occa-
sionnent, dit-on, la rouille dans cette localité.
Sur le plateau, on moissonne du 15 juillet
au 15 août; dans la plaine, on commence à
couper les blés dans la première semaine de
juillet. On ne faucille que lorsque le blé est
complétement mûr. Les javelles restent sur

le sol pendant deux ou trois jours; quand elles sont bien sèches, on les lie en gerbes. Celles-ci sont disposées en *piles* de 13 gerbes chacune avant d'être rentrées à la maison. Le blé est battu au fléau sur l'aire, de même que dans le canton de Vic; il rend, en moyenne, 4 à 5 hectolitres par journal.

Les frais et les produits de la culture du blé, à Castelnau, sont établis ainsi qu'il suit :

Loyer du journal....................	20^f
Contributions......................	1
Cinq labours, à 5 fr. chaque..........	25
Fumier............................	20
Semence, 1 hectolitre...............	20
Sarclage, 5 journées de femme, à 60 c.	
chaque...........................	3
Estivandiers.......................	10
	99

PRODUIT.

Cinq hectolitres de grain à 18 fr. . . . . 90^f

Paille. 20

—————

110

—————

Différence en bénéfice. 11

—————

On ne change pas de semence dans le canton de Rabastens. Il y aurait avantage cependant à alterner, de temps en temps, les grains
de la plaine avec ceux des coteaux, *et vice
versa*. Le chaulage se pratique ainsi qu'il suit :
on commence par laver le blé, en écumant
tous les grains imparfaits; on fait ensuite dissoudre de la chaux dans un chaudron, et on
y verse le blé; on le brasse à plusieurs reprises dans le cuvier; et, quand il y a séjourné
pendant vingt-quatre heures, on le fait sécher, et l'on procède immédiatement à l'emblavement. Les semailles ont lieu depuis le

courant d'octobre jusqu'au 25 décembre; celles de la Toussaint passent pour les meilleures. On répand sur labour frais, et après avoir préalablement hersé le terrain, 75 litres de grain par journal de 25 ares 52 centiares; la semence est enterrée, par un coup de charrue, à 8 centimètres de profondeur. On tire des raies d'écoulement aussitôt que les semailles sont terminées. Au printemps, le blé ne reçoit point de hersage. La moisson s'effectue généralement dans la première semaine de juillet; on coupe un peu sur le vert. Les gerbes restent sur le sol pendant huit ou dix jours; on a soin de tourner les épis dans la direction de l'est, afin de les préserver de la grêle, qui vient ordinairement de l'ouest. En bonne culture, on obtient 6 hectolitres par journal.

La dépense et les produits sont ainsi établis :

Loyer du sol, 15 fr. le journal de 25 ares

    52 centiares. . . . .   15^f

Contributions.   1

Labours et hersage.   11

Fumier.   12

Semence, trois quarts d'hectolitre.   12

Deux journées de femme pour sarcler. . .   1

Estivandiers, le sixième de la récolte (1 hec-

    tolitre de grain).   15

                                      67

PRODUIT.

Six hectolitres de blé à 15 fr. . . . .   90^f

Paille.   25

                                    115

        Différence en bénéfice. . . . . .   48^f

Dans le canton de Galan, le chaulage se pratique généralement par aspersion; quelques-uns recourent aussi à l'immersion. On emploie la chaux, le vitriol et l'arsenic. On sème dans la proportion de 5o à 75 litres par journal de 25 ares 52 centiares; la semence est renouvelée de temps à autre ; on se trouve bien de cet usage. On ne herse pas le blé au printemps; la moisson a lieu en juillet. On obtient, en moyenne, 6 pour un.

A Tournaÿ, on ne change pas de semence. Le vitriol est le préservatif qu'on emploie de préférence contre la carie; on le verse sur le blé. Les semailles ont lieu depuis le 15 octobre jusqu'au 1er décembre. On met 75 litres par journal de 25 ares 52 centiares. Dans cette localité, on a l'excellente habitude de herser au printemps les blés clairs. La moisson s'ouvre du 5 au 15 juillet; le rendement moyen est de 5 à 6 pour un.

Dans le canton de Castelnau-Magnoac, on est généralement dans l'usage de changer de semence; presque tous la tirent de Bouloigne (département de la Haute-Garonne), quelques-uns aussi du Gers. Le chaulage s'exécute communément avec du vitriol ; plusieurs cultivateurs se servent de cendres, d'arsenic ; on fait dissoudre le préservatif dans de l'eau bouillie, et quand celle-ci a un peu perdu de sa chaleur, on en arrose le blé. Les semailles s'effectuent depuis le 15 octobre jusqu'au 15 novembre. Les semailles précoces sont généralement suivies de meilleurs résultats. On répand 75 litres de grains par 25 ares 52 centiares ; aussitôt que le blé a été enfoui à la charrue, on procède à l'émottage à l'aide d'un maillet ; ce sont ordinairement des femmes qui exécutent ce travail, dont on diminurait beaucoup les frais en employant le rouleau pour briser les mottes ; dans ce cas, il serait bon de faire suivre le rouleau d'un tour de herse, de peur que la pluie ne vienne tasser trop fortement ce sol argileux.

A Laran, on herse, on roule et l'on ploutre
le blé par des temps secs, en mars et en
avril. Quand les blés s'emportent, ce qui
arrive assez souvent, on fait pâturer la semaille par des agneaux. La moisson commence du 8 au 10 juillet; on attend, pour
couper, que la récolte soit très-mûre; dès
que les gerbes sont suffisamment sèches, on
les rentre et l'on bat immédiatement au
fléau. Le blé produit, en moyenne, dans ce
canton, de six à sept fois la semence.

Près de Tarbes, le blé de Roussillon et le
séragniet se sèment pendant tout le mois de
novembre, dans la proportion de 60 litres
par journal de 22 ares 43 centiares. On
change le blé tous les huit ou dix ans, quand
on s'aperçoit qu'il dégénère. Depuis quelques années, le vitriol a été substitué à la
chaux, dans l'opération du chaulage; afin de
préserver le blé de la carie, on le fait trem-

per dans un cuvier plein d'eau froide; on fait ensuite dissoudre le vitriol dans de l'eau chaude, on verse ce liquide sur le blé et l'on agite toute la masse avec une barre de bois; douze heures après que le blé a séjourné dans l'eau vitriolée, on le retire du cuvier et l'on procède, le lendemain, aux semailles; quelques cultivateurs se contentent d'arroser le blé avec du vitriol dissous dans l'eau; l'autre procédé, bien que plus long, doit être préféré comme plus parfait. Lorsque le blé s'emporte, on le fait pâturer par les moutons; les cultivateurs soigneux ont bien soin de sarcler leurs blés; beaucoup cependant s'en dispensent dans la persuasion où ils sont que, ôter les mauvaises herbes du blé, c'est l'exposer d'avantage à être brouillardé. La récolte est faucillée dans la première quinzaine de juillet; on la laisse en javelles jusqu'à ce que l'herbe du pied soit bien sèche, ce degré de dessiccation obtenu, on la bottelle et on la rentre pour être battue sur l'aire après avoir passé quinze jours dans la grange. Le blé rend, en moyenne, près de Tarbes, 4 à 5 hectolitres par journal.

Dans les communes d'Ibos et d'Ossun, les semailles se prolongent quelquefois jusqu'à la fin de décembre; on ne change pas de semence. Celle-ci est vitriolée : on fait dissoudre le préservatif dans de l'eau chaude, et on verse le liquide sur le blé que l'on a mis dans un baquet; on le brasse à plusieurs reprises avant de le faire sécher. Quelques-uns font aussi usage de la chaux, mais communément on trouve que le vitriol préserve davantage le blé de l'attaque de la carie. On sème dans la proportion de 75 litres par journal. Plusieurs cultivateurs éclairés hersent leurs blés au printemps; la plupart se contentent de sarcler en mai. La moisson a lieu en juillet. On évalue le rendement du blé à six pour un,

dans cette localité. Les dépenses et les produits peuvent être déterminés ainsi :

Loyer du sol (première qualité)........ 30^f
Contributions (journal de 22 ares 44 cen-
     tiares)......................... 1
Deux labours à 2 fr. 5o cent........... 5
Fumure.......................... 25
Semence........................ 12
Sarclage......................... 1
Frais de moisson et de battage......... 15
____
89
____

PRODUIT.

Six hectolitres à 16 fr............... 96^f
Paille.......................... 25
____
121
____
Différence en bénéfice...... 32^f
____

Dans le canton d'Argelès, on fait dissoudre
le vitriol dans de l'eau chaude, on y jette le

grain; celui-ci ne tarde pas à absorber tout le liquide. Les semailles ont lieu depuis la mi-octobre jusqu'en décembre ; on s'arrange, en général, de manière à les avoir achevées à la Toussaint. Au printemps, on sarcle quand le champ est envahi par les mauvaises herbes. On faucille du 1er au 15 août; on laisse la récolte en javelles le moins longtemps possible; dès qu'elle est suffisamment sèche, on la transporte à l'exploitation. On estime qu'un journal de 18 ares 76 centiares rend, en moyenne, 4 à 5 hectolitres.

La chaux est la substance le plus généralement employée dans le canton de Lourdes, pour préserver le blé de la carie; quelques-uns se servent aussi de vitriol et s'en trouvent bien. Le mode de chaulage est particulier à cette localité. On place la chaux dans le tas même du blé et l'on arrose celui-ci jusqu'à ce que le préservatif soit complétement dissous, on brasse le tout en même temps. Les propriétaires échangent mutuellement leurs semences. L'emblavement a lieu sans inconvénient depuis le 15 octobre jusqu'au 1er janvier; la meilleure époque cependant est le mois qui s'écoule du 15 octobre au 15 novembre. On répand 50 litres par journal de 18 ares 76 centiares. En général, on ne herse pas le blé au printemps; les quelques propriétaires qui le font s'en trouvent très-bien. Le sarclage s'effectue en mai; jamais on n'a besoin d'effaner. La moisson s'ouvre du 15 juillet au 1er août; on récolte quand le blé est très-mûr; cependant, quelques propriétaires ont donné l'exemple de fauciller un peu sur le vert. La moyenne du rendement est évaluée à 3 ou 4 hectolitres par journal.

DÉPENSES ET PRODUITS D'UN JOURNAL.

Loyer du sol...................	3o^f oo
Contributions..................	1 oo
Labour et hersage..............	6 oo
Engrais........................	12 oo
Semence.......................	9 oo
Sarclage......................	1 5o
Sciage........................	3 oo
Battage et vannage............	6 oo
Transport.....................	1 5o
	7o oo

PRODUIT.

Quatre hectolitres à 18 fr...........	72^f oo
Paille........................	12 oo
	84 oo
Différence en bénéfice......	14^f oo

Le chaulage est seul usité dans le canton
de Saint-Pé. On met le blé dans un baquet,

on répand de la chaux vive en poudre sur le grain, on verse ensuite de l'eau chaude, on brasse le tout, et l'on sème le lendemain de cette préparation. Le hersage du printemps est généralement pratiqué ; on trouve qu'il favorise beaucoup le tallement du blé. La moisson a lieu du 25 au 30 juillet. Les bonnes terres des coteaux rendent largement un cinquième de plus que les terres de la plaine.

On ne change pas de semence dans le canton de Bagnères ; on chaule avec du vitriol et de la chaux ; quand cette dernière est éteinte, on place le grain dans un cuvier, et on verse dessus le liquide en le brassant au fur et à mesure de l'aspersion. Les semailles ont lieu depuis la première quinzaine d'octobre jusqu'à la fin de novembre, dans la plaine ; sur les coteaux, on sème, autant que possible, dans les premiers jours d'octobre, à cause des gelées. On répand de 30 à 35 litres par journal de 20 ares 35 cent. Le grain enfoui à la charrue, des ouvriers passent dans le champ pour briser les mottes avec une grande houe à main; on tire ensuite des rigoles d'écoulement. Au printemps, le blé reçoit deux ou trois sarclages, suivant l'état du sol. La moisson a lieu dans le courant de juillet; le blé reste pendant deux jours en javelles, on le lie ensuite en petites gerbes que l'on dresse en moyettes de 2 mètres de diamètre sur 3 mètres environ de hauteur; les moyettes se terminent en pointe et sont recouvertes, à leur sommet, par plusieurs gerbes placées perpendiculairement et liées ensemble par la tête. On faucille quand la maturité est complète; le battage a lieu au mois d'août sur l'aire. La paille est mise en meules, qui présentent l'aspect d'une toiture à deux pans. On compte, en moyenne, sur un rendement de cinq pour un.

Dans la vallée de Louron, on chaule avec la chaux, l'arsenic et le vitriol, dissous dans l'eau; on en arrose, à froid, le tas de blé. Les semailles ont lieu depuis le 15 octobre jusqu'au 10 novembre; plus tard, les gelées font beaucoup de tort au blé; les semailles précoces sont regardées comme les meilleures. La semence est tirée des coteaux de Ris pour enblaver les terres de la vallée; on la répand dans la proportion de 225 litres par hectare; l'enfouissement s'opère avec la charrue; des fumures complètent l'opération, au moyen d'un instrument appelé *foussoir,* destiné à niveler le sol. L'effanage est regardé comme une opération très-préjudiciable au blé; on préfère le laisser verser. On sarcle une fois en mai. La moisson a lieu vers la mi-août. Après un javelage de deux jours, quand il a fait beau, on lie le blé en gerbes, pesant de 40 à 50 kilogr. on les transporte à la ferme, là on forme dix ou quinze bottes avec cha-

cune des gerbes faites dans le champ, et l'on
entasse le tout dans des greniers : paille et
grain, traités de cette manière, acquièrent,
dit-on, beaucoup de qualité. En général, le
battage a lieu l'hiver; quelques propriétaires
cependant battent leur blé dès le mois de
septembre. Le rendement moyen est évalué
à dix pour un.

La culture du blé se pratique ainsi dans le
canton de La Barthe :

On change fréquemment de semence; les
cultivateurs de la vallée la tirent de Saint-
Béat, de Montousset, de Lahitte et d'Ave-
zac. Ces deux dernières localités, situées en
terrain sec, fournissent une semence fort
estimée.

Le chaulage a lieu par aspersion; on emploie, comme préservatif, le vitriol et la

chaux; les semailles ont lieu du 15 octobre au 15 novembre, passé cette époque, la levée est compromise : les semailles précoces, d'après une longue expérience, résistent mieux aux gelées. On répand 75 litres par journal de 25 ares, proportion exagérée, et qui nuit à la récolte. Le blé n'est pas hersé au printemps; on se borne à le sarcler en avril ou en mai. La rouille lui fait beaucoup de tort; on attribue cette maladie aux brouillards de la Neste; suivant les habitants du pays, elle diminue d'un cinquième la récolte, et surtout nuit beaucoup à sa qualité. On commence à fauciller vers le 20 juillet. Les javelles restent sur le sol jusqu'à ce qu'elles soient suffisamment desséchées; après ce temps, on les rentre à la ferme et on les bat immédiatement; cette opération est complétement terminée au 15 septembre; le rendement du blé est porté à cinq et demi ou six pour un, dans le bassin de la Neste.

Loyer du journal de 25 ares........... 18^f

Contributions...................... 1

Labours.......................... 6

Fumier........................... 20

Semence.......................... 15

Sarclage.......................... 1

Sciage, battage et vannage........... 9

____

70

____

PRODUIT.

Quatre hectolitres et demi à 18 fr....... 81^f

Paille (30 quintaux)................. 30

____

111

____

Différence en bénéfice...... 41^f

____

BLÉ DE MARS.

Cette variété du blé d'hiver, connue dans le pays sous le nom de *tremezo*, n'est culti-

vée qu'accidentellement dans les Hautes-Pyrénées. On la sème en mars, et on la récolte
dans le courant de juillet ; elle rend ordinairement plus en grain qu'en paille.

SEIGLE.

Bien que le blé soit, avec le maïs, la
récolte principale du département et celle
qui convienne le mieux à l'excellente nature
de son terrain d'alluvion, cependant, il est
une foule de localités où la culture du seigle
mérite une grande attention comme ressource
alimentaire. C'est la céréale par excellence
dans les terres de landes et sur les terres trop
légères pour porter du blé : une partie du
canton de Tournay, et presque tout le plateau de Lannemezan, ne peuvent mieux con-
venir qu'au seigle, en attendant que le marnage les ait rendus propres à la production
du blé.

Partout, dans les Hautes-Pyrénées, on cultive le seigle de la même manière que le blé. Dans l'assolement avec jachère, il reçoit trois et quatre labours. Quand il se succède à lui-même, comme, par exemple, dans le canton de Saint-Pé, où on le fait souvent revenir pendant trois années consécutives sur un défrichement, la terre n'est préparée que par deux labours. Le point essentiel, pour cette plante, c'est de lui offrir un sol bien divisé, et de lui donner un fumier plutôt court que long; on a remarqué, en effet, qu'après une fumure fraîche, il rendait beaucoup en paille et fort peu en grain. Le temps des semailles et la proportion de semence qu'on emploie présentent quelques différences suivant les localités.

Dans le canton de Vic, on sème le seigle depuis la Toussaint jusqu'à la Saint-Martin; à Castelnau, depuis le 1er octobre jusqu'au 1er novembre. On répand 1 hectol. par journal de 38 ares. Dans la plaine de Tarbes, on le sème jusqu'en décembre et en janvier. A Campan, du 15 au 30 octobre. Sur les coteaux du canton de Bagnères, les semailles ont lieu depuis la fin d'octobre jusqu'au 15 novembre. On répand 30 litres par 22 ares. Dans la vallée d'Aure, on sème dans la proportion de 3 hectolitres par hectare; dans la vallée de Louron, on ne met que 225 litres pour la même étendue de terre; dans le canton de La-Barthe, les semailles ont lieu dans la première quinzaine d'octobre; on jette 85 lit. de grain par journal de 25 ares. Dans le canton de Lannemezan, on sème le seigle en novembre, dans la proportion énorme de 1 hectol. par 26 ares; les cultivateurs de cette contrée ont remarqué que les semailles précoces exposaient le seigle à être atteint par les gelées pendant la floraison, et par suite à voir une partie des grains avorter. La moisson s'opère exactement de même que pour le blé ; elle commence, suivant les pays, tantôt à la fin de juin, tantôt dans la première quinzaine de juillet, tantôt à la fin de ce mois ; dans les contrées les plus froides, telles que Gèdre, Gavarnie, on faucille au mois d'août ; les semailles commencent à la fin de septembre.

Le plus faible rendement du seigle est évalué à six pour un ; son plus fort produit à Lannemezan et dans la vallée de Louron, est de douze fois la semence.

MÉTEIL OU CARRON.

On sème beaucoup de méteil dans le canton de Tarbes particulièrement, où la farine mélangée du blé et du seigle forme la nourriture habituelle des gens de la campagne. Les semailles ont lieu dans le mois de novembre. On mélange les deux grains par égales portions; la culture est la même que celle du blé; la moisson s'effectue en juillet. On trouve généralement que le méteil rend plus que si chaque céréale avait été semée séparément; il convient beaucoup aux terres qu'on a fatiguées par une culture trop épuisante : son rendement est de six à huit pour un.

AVOINE.

On connaît deux variétés d'avoine dans les Hautes-Pyrénées : l'avoine d'hiver et l'avoine de printemps; on préfère communément l'avoine noire comme étant plus lourde et plus nourrissante; l'avoine blanche, cependant, se sème dans plusieurs localités. La culture de l'avoine est presque partout uniforme, presque partout, aussi, elle est extrêmement négligée.

Dans le canton de Vic, l'avoine qui succède au blé ne reçoit qu'un seul labour. On sème en septembre, dans la proportion de 75 litres par 22 ares, proportion trop forte et d'autant plus défectueuse, qu'on ne herse pas l'avoine au printemps; on la faucille dans le mois d'août; le javelage ici n'a d'autre but que de hâter la dessiccation; dès que ce point est obtenu, on rentre les gerbes à l'exploitation.

A Castelnau, on répand, en septembre et en octobre, 1 hectolitre par 38 ares; on récolte de six à huit pour un.

Dans le canton de Rabastens, on ne donne qu'un seul labour et rarement deux pour l'avoine semée après le blé dans les terres de première classe; sur celles de deuxième classe, on donne deux et trois labours; on répand 75 litres par journal de 25 ares 52 centiares, vers la dernière quinzaine de septembre ou les quinze premiers jours d'octobre. Au printemps, non-seulement on ne herse ni on ne roule, mais l'avoine n'est pas même sarclée ; on laisse à la jachère qui doit suivre le soin de détruire les mauvaises herbes. La moisson a lieu en juillet ; une fois coupée, l'avoine subit un sarclage de quinze jours. On estime qu'un journal de bonne terre rend six hectolitres de ce grain.

Dans le canton de Galan, les uns sèment l'avoine à la fin de septembre ou dans les premiers jours d'octobre ; quelques propriétaires préfèrent répandre la semence en février et en mars : tout le monde est d'accord sur ce point, qu'il faut semer de très-bonne heure ou très-tard à cause des gelées ; on met de 80 à 100 litres par journal de 25 ares 52 centiares ; on herse ordinairement en mars, mais sans rouler après cette opéra-

tion; on coupe avec la faux; l'avoine rend 8 à
10 pour un.

Dans la plaine de Tarbes, on sème l'avoine
blanche en septembre et en mars; dans le
premier cas, on peut économiser sur la semence, et ne mettre que 40 litres par journal
de 22 ares; dans le second cas, on doit semer
très-dru, sous peine d'avoir une mauvaise récolte; 60 litres sont regardés comme une
bonne proportion pour la semaille du printemps. En général, dans le pays, on ne herse
et on ne roule pas l'avoine au moment où
elle se dispose à taller; beaucoup se dispensent même de sarcler; l'avoine est ordinairement mûre à la mi-juillet. La plupart des
propriétaires la font javeler pendant quinze à
vingt jours; les plus éclairés la laissent pendant quarante-huit heures sur le sol, après
ce temps, ils la rentrent, et, au bout de quinze
jours de grange ils la battent. Cette méthode,

suivant eux, offre l'avantage de conserver au grain toute sa qualité, mais la paille est moins appétissante pour le bétail, que lorsqu'elle a subi un javelage d'une ou de deux semaines. On obtient 5 hectolitres environ par journal.

Dans la commune d'Ibos, l'avoine noire se sème généralement à la fin d'octobre et dans le courant de novembre; très-peu la sèment en mars. On répand environ 70 litres par journal de 22 ares. Quelques propriétaires commencent à herser l'avoine au printemps, mais c'est une exception à l'opinion générale du pays, qui croit que l'avoine peut se passer de toute espèce de soins. On la coupe en juillet; elle reste pendant dix jours en javelles sur le sol; immédiatement après, on la bat au fléau; elle rend de 8 à 9 pour un.

Dans le canton de Lourdes, les semailles commencent au 1ᵉʳ octobre et se continuent jusqu'à la fin de mars ; celles qui ont lieu avant le mois de janvier n'exigent pas plus de 40 litres de semence par 18 ares 75 centiares ; passé cette époque, il faut semer plus dru ; ni hersage ni roulage ainsi que dans le reste du département; on laisse javeler pendant un mois; on obtient de sept à huit hectolitres par journal. L'avoine noire est celle que l'on préfère dans ce canton.

Dans le canton de La-Barthe, l'avoine se sème, tantôt à la fin de septembre, tantôt en décembre et en février ; celle semée en septembre, passe pour donner les meilleurs résultats. On prépare la terre par trois labours. En février, on ne répand que 70 litres de semence par journal de 25 ares ; il faut semer plus dru en septembre à cause des gelées. On ne herse pas au printemps; l'avoine est coupée vers la fin de juillet; on la laisse javeler pendant une dizaine de jours ; quelques-uns,

cependant, rentrent dès que l'avoine est suffisamment sèche. On aime, généralement,
qu'elle reçoive une pluie après qu'elle a été
coupée, la paille il est vrai, perd un peu de sa
qualité, mais elle se bat plus facilement. On
porte son rendement à 7 pour un.

Dans le canton de Lannemezan, on sème
ordinairement l'avoine quinze jours avant la
Toussaint, dans la proportion de 80 litres par
journal de 26 ares; celle semée en mars ne
réussit qu'autant que le printemps est pluvieux; s'il fait sec, ses produits sont insigni-
fiants. Le javelage dure de quinze à vingt
jours; on récolte de 10 à 12 pour un.

De ce qui précède, il résulte que la culture
de l'avoine laisse beaucoup à désirer. Presque
toujours elle succède à un blé, et, comme
généralement on se dispense de la herser et
de la sarcler, la terre se trouve infestée de

mauvaises herbes et réclame une culture ré-
paratrice. Bien peu de propriétaires sèment
l'avoine sur un défriché de gazon ou sur un
trèfle retourné; nul précédent, cependant, ne
serait plus favorable à sa réussite : souvent, à
cette place, elle procure plus de bénéfices
que le blé. On peut, du reste, résumer en
peu de mots les soins à donner à l'avoine : semer en temps opportun dans une terre bien
préparée et suffisamment riche; au printemps,
herser énergiquement en long et en travers,
lorsque la plante commence à poindre, rouler ensuite dans les terres légères; herser,
rouler et herser de nouveau, dans les terres
fortes; ou bien ploutrer et rouler afin de fa-
voriser le développement des talles, et préserver l'avoine de la sécheresse; à l'époque de
la moisson, javeler pour faire sécher l'herbe
contenue dans les tiges et compléter la maturité des grains un peu verts; telles sont les
opérations principales de cette culture; elles

suffisent pour produire une bonne récolte,
lorsque la température de l'année n'est pas
contraire.

ORGE.

L'espèce la plus répandue dans le département est l'orge à deux rangs; l'orge d'hiver
n'y est encore cultivée que par exception : on
la sème en octobre.

Le sol de la plaine de Tarbes et celui des
vallées des Hautes-Pyrénées, conviennent
particulièrement à la culture de l'orge à deux
rangs. En général, on prépare le terrain par
deux ou trois labours : le premier se donne
en hiver, le second en février, et le troisième
en mars; aucun d'eux ne dépasse 16 centimètres de profondeur. La plupart ont coutume de fumer avec un fumier très-court.

Dans le canton de Castelnau, on sème en mars et en avril, sur un seul labour, en jetant 1 hectolitre de grain par journal de 38 ares. La moisson a lieu en juillet. On obtient huit pour un.

Dans la plaine de Tarbes, la semaille a lieu en mars et en avril. On met 40 litres de semence par 22 ares. Cette récolte, regardée comme très-casuelle, donne cinq à six pour un. Au dire des cultivateurs, on n'a de belle orge ici que quand il pleut. Dans la commune d'Ibos, on obtient dix fois la semence.

Dans le canton de Saint-Pé, les semailles commencent en mars. On met 75 litres par journal de 18 ares 76 centiares. On fume plus fortement que pour le froment. On récolte, à la fin de juillet, dix fois la semence.

Sur les hauteurs, dans la vallée de Campan, les semailles ont lieu en avril et la moisson en août.

A Bagnères, on met 3o litres de semence par journal de 20 ares 35 centiares, dans le courant du mois de mars; on récolte vers le 20 juillet.

A Scia et à Gèdre, l'orge est semée en mai et se récolte en septembre.

Dans la vallée de Louron, on sème vers la mi-mai, dans la proportion de 2ʒ5 litres par hectare. L'orge rend de huit à neuf pour un quand elle réussit.

Dans le canton de La-Barthe, on sème, en mars, 6o litres d'orge par journal de 25 ares; on récolte, en moyenne, dix pour un.

La culture de l'orge, dans les Hautes-Pyrénées, pèche surtout par le défaut de sarclage. La plupart des cultivateurs ne prennent aucun soin pour la débarrasser des mauvaises herbes, qui l'infestent ordinairement quand elle succède à une céréale. Il serait bon, également, de ne semer que sur une terre bien ameublie par la herse et le rouleau.

MILLET.

Le millet est plus communément semé en seconde récolte qu'en récolte principale. Lorsqu'il succède au lin d'hiver, on déchaume, on herse, on sème à la volée et sans fumure, et l'on enterre la graine par un deuxième hersage. La fin de mai et le mois de juin sont les époques ordinaires des semailles. On met 20 litres environ par 25 ares. On sarcle quelquefois, lorsque les mauvaises herbes gagnent la récolte. En général, dans les vallées, on préfère, pour la végétation du millet, un temps sec plutôt qu'humide. Lorsque le grain est formé, les pluies d'orage sont très-favorables à la récolte. Dès que le millet est mûr, on le coupe avec la faucille, et on le laisse javeler pendant dix à douze jours ; on aime qu'il reçoive alors une pluie ; la paille, cependant, a bien plus de qualité quand elle est rentrée sans avoir été mouillée ; mêlée avec du regain, elle forme un excellent fourrage pour les vaches et le jeune bétail. La récolte s'effectue en septembre ; elle rend, en moyenne, douze pour un.

Le millet est cultivé surtout dans la vallée d'Argelès, dans le canton de La-Barthe et dans celui de Bagnères ; on en sème aussi dans la plaine de Tarbes.

MAÏS.

La culture du maïs, dans les Hautes-Pyrénées, occupe sinon le même rang que le blé,
du moins une place très-voisine de celui-ci,
sous le rapport de l'alimentation. Dans certaines localités, on le préfère à toute autre
récolte, on lui consacre la majeure partie des
terres, et c'est d'après son rendement qu'on
estime la valeur de certains terrains.

Tous les sols du département sont propres
à la culture du maïs; il réussit, en effet, dans
les terres fortes de l'arrondissement de Tarbes, dans les riches vallées de la montagne,
et donne encore quelques résultats dans les
terres sablonneuses de Lannemezan. Les sols
trop tenaces ou mouilleux sont les seuls où
il ne vienne pas. Son rendement, cependant, est plus élevé dans les terres légères

bien situées que partout ailleurs : nulle contrée, sous ce rapport, ne convient mieux au maïs que la plaine de Tarbes et le bassin d'Argelès.

Le maïs succède, le plus ordinairement, à une récolte de farouch, tantôt fauchée pour fourrage, tantôt enfouie en vert. On le sème souvent aussi après un blé. Dans certaines localités, il alterne avec la jachère ; dans d'autres, il revient indéfiniment sur lui-même.

Après un farouch qu'on fauche pour être fané, on ne peut donner qu'un seul labour, encore faut-il avoir soin de mettre la charrue derrière les faucheurs, si l'on ne veut s'exposer à être en retard pour les semailles. Beaucoup de cultivateurs se dispensent, dans ce cas, de fumer, et réservent l'engrais pour le blé. Le procédé inverse serait préférable ;

il vaudrait mieux fumer directement le maïs;
cette plante s'arrange fort bien d'une fumure
fraîche; les façons qu'elle reçoit pendant sa
végétation laissent la terre parfaitement nette
de mauvaises herbes, condition importante
pour le blé qui lui succède.

Le farouch destiné à être enfoui en vert
ne prend également qu'un seul labour; mais
on gagne ainsi huit ou dix jours pour la plantation. Le maïs réussit très-bien sur ce précédent.

Maïs après blé vient très-bien, à cause des
six mois de jachère dont on profite pour préparer le sol avec soin et exécuter les semailles
en temps opportun.

Maïs après jachère complète est le meilleur
de tous les précédents pour la réussite du
maïs; on obtient ainsi des épis plus abon-

dants et de meilleure qualité, mais, en même temps, c'est la culture la plus dispendieuse et le cours le plus étrange qu'on puisse rencontrer. La jachère, après la récolte sarclée, ne peut s'expliquer ici que par la pénurie d'engrais. La nature du terrain ne serait pas une excuse suffisante; car il n'est aucun sol, tel ingrat qu'on le suppose, qui ne puisse supporter alternativement seigle et maïs, ou maïs et sarrasin, si l'on avait assez de fumier à sa disposition.

Maïs après maïs réussit, dit-on, très-bien et peut se continuer indéfiniment, pourvu que l'on fume et qu'on ne néglige pas les sarclages et binages. Le seul exemple que nous ayons vu de cette rotation se rencontre dans le canton de Lourdes.

La culture du maïs a lieu ainsi qu'il suit dans les trois arrondissements :

A Vic, le maïs sur farouch reçoit un seul labour ; après blé, on donne trois façons à la terre ; le premier labour a lieu à Noël, le deuxième en février, et le troisième en mai, au moment de semer. La variété cultivée est le grand maïs à grains pâles. On sème toujours sur labour frais, tantôt derrière la charrue, le plus souvent au plantoir. Les lignes sont espacées de 75 centimètres à 1 mètre les unes des autres ; les plantes se trouvent à 16 centimètres dans les lignes ; de distance en distance on jette un haricot au pied du maïs : la semaille faite, un journal de 22 ares 43 centiares contient 10 litres de maïs et 5 de haricots ; les semences sont recouvertes par un peu de terre sur laquelle un journalier appuie son pied. Après un mois de végétation, lorsque le maïs a quelques centimètres de hauteur, on lui donne un binage ; il reçoit ensuite deux façons à la charrue, chacune à quinze jours d'intervalle ; autant qu'on le peut, dans les terres légères, on attend qu'il ait plu pour donner la deuxième culture et *enfermer ainsi la fraîcheur* dans le sol.

On *écime*, c'est-à-dire on retranche les panicules lorsque les fleurs mâles ont répandu leur poussière et que leurs pistils ont été fécondés; cette opération s'effectue vers la fin d'août; on coupe les têtes à 8 centimètres au-dessus de l'épi : elles sont données généralement au bétail; quelques-uns les font sécher pour augmenter la provision d'hiver. La récolte a lieu ordinairement à la fin de septembre. Quinze jours avant la rentrée du maïs, on enlève les feuilles de chaque plante et on en forme un paquet que l'on fiche à la sommité de la tige pour la faire sécher et servir de provende en hiver au bétail. La cueillette s'effectue en détachant les épis à la main; ensuite on les *dérobe*, c'est-à-dire qu'on retrousse les tuniques, on les suspend sur des perches en bois, ou bien on les étend dans le grenier. Le maïs, *mis en cordes*, se sèche et se conserve mieux que celui qu'on amoncelle par terre. L'égrenage a lieu pendant l'hiver ; les uns se servent, pour cette opération, d'une planche dans laquelle on a implanté un morceau de fer ; les autres font usage d'une pelle. Le journal rend 5 à 6 hectolitres de grains par journal. Le maïs passe pour épuisant : on ne l'arrose pas à Vic.

Dans le canton de Maubourguet, la culture du maïs offre quelques procédés particuliers. Quand il doit être suivi d'un blé, on le sème en lignes de deux mètres de distance ; l'intervalle entre les lignes ne porte aucune récolte ; il reçoit six labours comme une véritable jachère. Lorsque le maïs succède à un trèfle ou à un farouch enterré en vert, on roule, on herse ensuite le terrain avec une herse armée de 20 dents en forme de coutres, puis une femme trace des raies et y répand le grain ; une autre femme la suit et recouvre la semence avec le dos d'un rateau. Le maïs levé, si la pluie a battu le sol, on donne un léger binage au pied de chaque plante pour l'aider à sortir de terre. Cette opération s'exécute à l'aide d'un maillet armé de deux clous et auquel s'adapte un manche de 2 mètres de longueur.

Dans le canton de Castelnau, on sème le maïs depuis la fin de mars jusqu'à la fin de mai ; cette dernière époque, lorsque la plante succède à un farouch, passe pour être trop tardive. La terre ayant reçu déjà un labour, on enfouit l'engrais, on roule, on herse, on trace les raies avec un marquoir, et l'on sème. Dans cette opération, un homme fait les trous, un autre, derrière lui, jette la semence et la recouvre d'un peu de terre, sur laquelle il appuie le pied. Lorsque le maïs a 10 ou

13 centimètres, des femmes donnent un premier binage ; plus tard on ouvre la terre avec une herse garnie de 3 crochets ; on se sert ensuite du rasereau pour détruire les mauvaises herbes ; on butte enfin avec le même instrument, auquel on adapte alors un bourrelet de paille au-dessus du *croissant*. L'écimage a lieu vers la mi-août. Les feuilles sont arrachées dans le courant de septembre et disposées ainsi que dans le canton de Vic. On récolte en octobre. Le maïs, dans cette localité, rend de 8 à 10 hectolitres par journal de 38 ares ; il passe pour très-épuisant.

Dans le canton de Galan, les semailles du maïs ont lieu en mai ; on place dans chaque trou 2 haricots et 2 grains de maïs ; les haricots sont cueillis en septembre ; le maïs se récolte à la fin d'octobre.

Dans le canton de Tournay, on prépare la

terre par un labour suivi de hersages croisés ; on fait ensuite passer un madrier pour ploutrer le sol : il est rare qu'on fume pour cette récolte. Les semailles ont lieu dans la dernière quinzaine d'avril. Les uns enterrent à la charrue, le plus grand nombre plante au marquoir. On met 2 grains de maïs et 1 ou 2 haricots dans chaque trou ; les femmes recouvrent la semence avec le pied. Les plantes sont à 65 centimètres en tous sens : pendant sa végétation, le maïs reçoit un binage avec la petite herse et trois façons à la rasette. On écime en août ; les feuilles sont retranchées dans les premiers jours de septembre, on récolte à la fin d'octobre, on enlève les épis de haut en bas ; les tiges s'arrachent à la charrue ou bien on les coupe avec la bêche ou la faucille. La récolte se transporte à la métairie dans des chars garnis de draps.

À Castelnau-Magnoac, la terre destinée à

porter du maïs reçoit trois labours ; on sème dès la fin d'avril et dans le courant de mai ; on ne met qu'un seul haricot et un seul grain de maïs à la même place ; les plantes sont à 16 centimètres les unes des autres ; les lignes occupent la largeur de quatre sillons et se trouvent à la distance d'un mètre environ. Les façons se donnent à la charrue. Les panicules servent de nourriture verte pour le bétail. La récolte s'effectue du 15 au 20 octobre. Les épis sont mis en tresses immédiatement après avoir été effeuillés.

Aux environs de Tarbes, on retourne le farouch par un labour ; on nivelle ensuite le sol avec un instrument appelé *glissoir* ; on herse et l'on plante au marquoir ; on met 2 grains de maïs et 2 haricots dans chaque trou. Toutes les plantes sont à la distance de 73 centimètres carrés. Lorsque le maïs a atteint 5 centimètres de hauteur, on fait passer légèrement le sarcloir ; quand les plantes ont 10 centimètres, on donne un second binage croisé ; quelque temps après, on fait passer derechef l'instrument en long et en large pour butter. Chaque plante de maïs porte deux ou trois tiges. On coupe la panicule en août, à un nœud au-dessus de l'épi. On a remarqué que, lorsque la *flèche* du maïs était coupée à propos, le maïs se tenait plus longtemps vert; aussi regarde-t-on comme nécessaire de le dépouiller de ses feuilles pour hâter la maturité. Les uns pratiquent cette opération en même temps qu'on enlève la panicule ; les autres, quelques jours après. Les panicules servent de fourrage vert au bétail; dès qu'il les a consommés, on lui fait manger les feuilles qui ont séché à l'extrémité de la tige. La récolte a lieu du 15 novembre au 15 décembre ; on casse les épis à la main. Pour arracher les tiges, on fait passer le sarcloir sous chaque ligne ; des femmes achèvent de les déchausser; elles les secouent pour les débarrasser de la terre adhérente aux racines ; cela fait, on porte les tiges dans la cour de la métairie et on les y dresse en tas. Au dire de certains cultivateurs, ces tiges sont les meilleurs matériaux que l'on puisse employer pour faire du fumier gras, lorsque chars et bestiaux les ont suffisamment triturées; comme litière sous le bétail, elles seraient trop dures, et, partant, de médiocre qualité. Les épis cueillis passent, de la corbeille de l'ouvrier, dans le char; on les transporte ensuite à la grange, et l'on emploie les premières soirées à les dépouiller de leurs enveloppes. Cette opération peut être différée de huit ou quinze jours sans inconvénient, lorsque le maïs a été récolté bien sec, mais s'il a été cueilli mouillé, il faut lui enlever le plus tôt possible ses tuniques : tout ce qui est rentré un peu vert est immédiatement tressé ; le reste est porté au grenier et étendu par couches de 32 centimètres d'épaisseur ; on le remue tous les mois. On récolte dans la proportion de 8 à 10 hectolitres par journal de 22 ares ; les haricots sont cueillis à la main, à mesure qu'ils mûrissent en septembre ; ils donnent un hectolitre environ par journal : les dégâts de la limace diminuent souvent cette quantité.

A Ibos, on prépare le sol par deux labours, suivis de deux hersages ; on plante au marquoir ; les plantes sont à 20 centimètres carrés les unes des autres ; chaque trou renferme deux grains de maïs et deux haricots. En général, on ne laisse que deux tiges au maïs ; les autres sont enlevées quand les plantes ont 32 centimètres de hauteur, et données au bétail ; la culture, du reste, est la même qu'auprès de Tarbes. On récolte de sept à huit pour un.

Dans le canton d'Argelès, on sème trois grains de maïs et deux haricots au point de section des lignes, c'est-à-dire à 80 cent. en tous sens, ou bien, aussitôt que les plantes sortent de terre ; on donne ensuite trois façons croisées avec la rasette ; le deuxième buttage a lieu en sens opposé au premier ; on retranche les têtes quand la floraison est passée ; cette opération passe pour hâter la maturité du maïs et grossir les épis. Les petits propriétaires qui n'ont pas les moyens d'exécuter eux-mêmes les menues-cultures, s'arrangent avec un bouvier, lequel se charge des binages et buttages moyennant l'abandon des panicules et des feuilles. La récolte a lieu à la fin d'octobre. On tord les épis ; les tiges sont arrachées à la pioche ou au hoyau ; on les emploie comme combustible ; la cendre qui en provient sert à l'amendement des terres.

La plupart des habitants répandent les tiges

de maïs dans la cour de l'exploitation et dans le village, au-devant de leur maison.

Dans le canton de Lourdes, on fume pour le maïs après farouch. L'engrais est conduit sur le chaume de la plante fourragère ; on l'enterre par un labour donné du 15 avril au 15 mai ; immédiatement après on herse, on trace les lignes au marquoir, et, à chaque section de lignes, une femme dépose deux grains de maïs et deux haricots ; elle recouvre le tout avec le pied. Le premier binage s'exécute quinze jours après la levée du maïs ; on se sert du *croissant* pour le deuxième binage ; la troisième façon se donne un mois après, au moment où le maïs va entrer en fleurs ; en général, on emploie les vaches à ces cultures ; elles sont plus adroites à tourner à la fin des sillons, et causent moins de torts à la récolte que les bœufs ; ceux-ci, plus larges et plus lourds, sont réputés moins

bons pour l'exécution de ces façons. Les panicules sont retranchées vers la fin du mois
d'août ou dans les premiers jours de septembre; on les coupe avec un couteau, au-
dessus du nœud qui domine l'épi : une partie
des têtes est mangée en vert par le bétail,
l'autre est fanée pour servir de provende l'hiver. On effeuille vers le 15 ou le 20 septembre. Lorsque les feuilles commencent à
jaunir, on les réunit en petits paquets, que
l'on fait sécher à l'extrémité de la tige de la
plante : on les donne l'hiver au bétail. On
cueille les épis du 15 octobre au 1er novembre,
en les tordant sur eux-mêmes, on les effeuille,
puis on les met *en tresses*, et on les suspend
sur des perches, ainsi qu'à Tarbes ; les tuniques
sont données au bétail, on les emploie aussi
à la confection des paillasses. Les tiges sont
coupées avec la faucille, on les utilise comme
litière. Les haricots se récoltent à la main,
au fur et à mesure qu'ils mûrissent ; on les

bat au fléau ; les gousses sont données aux brebis ; ces animaux les recherchent avec avidité. Le rendement moyen du maïs est de 7 hectolitres environ par journal de 18 ares 76 centiares. Les haricots produisent, bon an, mal an, 1 hectolitre, quelquefois 2 hectolitres de grains.

DÉPENSES ET PRODUITS DU MAÏS DANS LE CANTON DE LOURDES.

Loyer du sol (le journal de 18 ares 76 centiares)......................	30^f	00^c
Contributions....................	1	90
Labour, hersage et marquage.......	5	00
Semence (haricots 1 fr. maïs 50 cent.).	1	50
Fumier.......................	12	00
Deux journées de femme..........	1	50
Cultures pendant la végétation (écimage payé par la valeur des panicules).......................	3	00
Arrachage (deux journées de femme).	1	50
A reporter......	55	50

Report......	55^f	5o^c
Dépouillement et tressage du maïs...	1	5o
Cueillette des haricots (quatre journées de femme).............	3	oo
	6o	oo

PRODUIT.

Sept hectolitres de maïs à 8 fr......	56^f	oo^c
Un hectolitre de haricots.........	15	oo
	71	oo
Différence en bénéfice......	11	oo

Dans l'arrondissement de Bagnères, la culture du maïs s'effectue de la manière suivante :

A Bagnères, le sol une fois labouré, émotté et hersé, on fait usage du marquoir. L'instrument commence par fonctionner dans le sens de la longueur de la pièce, il passe ensuite en travers, et coupe à angles droits les premières lignes : des femmes jettent à la main, vers la fin d'avril, à chaque point de section, plusieurs graines de maïs. Dès que celui-ci est levé, on le sarcle, on dépose ensuite au pied de chaque plante trois ou quatre haricots. Le second sarclage se donne quand les haricots sont levés ; lorsqu'ils ont 16 cent. de hauteur, on butte avec la rasette, que traînent deux bœufs attelés au joug, et tenus assez écartés pour laisser entre eux deux lignes de maïs ; le deuxième buttage se donne souvent à la main. Pendant le cours de la végétation, on a soin d'arroser le maïs toutes les fois que le besoin s'en fait sentir : c'est en partie au bienfait de l'irrigation que les maïs de la plaine de Bagnères doivent leur juste renommée : il est impossible de voir de plus belles récoltes lorsque l'année est favorable : les tiges atteignent souvent 3 mètres de hauteur. On attend que la fécondaison soit accomplie pour couper les panicules à ,un

nœud au-dessus de l'épi principal ; cette opération coïncide presque toujours avec le commencement du mois de septembre ; on dé-
pouille aussi à cette époque le maïs de ses
feuilles.

La récolte a lieu vers le 10 novembre ; on
casse les épis à la main ; leur conservation a
lieu de même que dans tout le reste du département. Les uns tressent trois épis ensemble, en conservant quelques feuilles des
tuniques, les autres en font de petits bou-
quets qu'ils suspendent au grenier ; on les
attache aussi à des clous, sur des perches,
suspendues sous les toitures ou les hangars,
en les exposant autant que possible au soleil.
L'égrénage a lieu pendant les soirées de l'hiver ; on se sert communément d'une queue
de poêle pour détacher les grains. Les tiges
sont coupées au pied avec la faucille, on les
entasse en meules, dans la cour de l'exploi-

tation, elles servent de litière pour le bétail.
Un journal de 20 ares 35 centiares rend en
moyenne 7 à 8 hectolitres de maïs, et pour
le moins 2 hectolitres de haricots. La farine
du maïs, dans cette localité, est torréfiée dans
un vase de terre; on verse dessus de l'eau
bouillante, puis on recouvre cette bouillie de
choux ou de salé : c'est le mets ordinaire du
pays.

Dans la vallée d'Aure, le maïs se sème vers
la fin d'avril, on le châtre à la fin de juillet;
la récolte a lieu dans le mois d'octobre.

Enfin, dans le canton de La-Barthe, on
fume avant de labourer; le labour a lieu en
mars; suivant l'état du sol, on donne deux ou
trois hersages et l'on trace ensuite les raies
au marquoir; des femmes jettent un grain
de maïs et un haricot à chaque distance de
16 centimètres dans les lignes; celles-ci sont

écartées les unes des autres de 75 centimètres. La semence est recouverte avec le pied,
ou bien à la pioche, quand les plantes commencent à lever. Le second binage s'effectue
avec le *croissant,* lequel rapproche légèrement la terre au pied du maïs ; on butte ensuite avec la pioche, quand il a 16 à 21 centimètres de hauteur. On donne , en général,
la même culture pendant le cours de la végétation. On *écime* (retranchement des panicules) dans la première quinzaine de septembre ; lorsque le grain est bien formé, et qu'il
se trouve à l'état farineux, ce qui a lieu ordinairement au commencement d'octobre, on
arrache les feuilles, on les fait sécher par
petits paquets à la sommité de la tige. On
fait la cueillette à la fin du mois, en tordant
l'épi sur lui-même. Dès que la récolte est
rentrée, on trousse les tuniques et on les
donne au bétail : tant qu'elles sont fraîches,
il les recherche avec avidité ; sèches, il s'en

soucie peu. On coupe les tiges avec la faux ; on obtient en moyenne 8 hectolitres par journal de 25 ares.

La culture du maïs, bien que faite avec soin dans les Hautes-Pyrénées, laisse cependant quelque chose à désirer ; elle serait parfaite si les labours étaient plus profonds, si l'on appliquait directement le fumier au maïs, au lieu de réserver l'engrais pour le blé, ainsi que cela se pratique ordinairement ; il faudrait, en outre, avoir soin de châtrer le maïs, c'est-à-dire de retrancher les pousses secondaires pour ne conserver qu'une ou deux tiges à chaque pied : ces pousses ne font qu'affaiblir la tige-mère, elles seraient données avec profit au bétail.

SARRASIN.

Le sarrasin, appelé aussi *millet carré* dans
certaines localités du département, est surtout cultivé dans la plaine de Tarbes et dans
les arrondissements de Bagnères et d'Argelès ;
on ne le sème guère qu'en seconde récolte,
après du lin, du seigle ou du froment.

On ne fume pas directement pour cette
plante, et comme elle est d'une nature peu
épuisante, elle vient très-bien à la suite des
récoltes auxquelles on a appliqué l'engrais.

Le sol est généralement préparé par un
seul coup de charrue ; on herse ensuite à diverses reprises ; on répand de 100 à 120 litres de graines par hectare, et l'on enterre la
semence à la herse ou à la charrue. L'époque
des semailles varie suivant les localités. Dans

la plaine de Tarbes on sème le sarrasin à la fin de juin ; à Scia, vers la fin de mai ; à Gavarnie et à Gèdre, on commence à semer au 1er mai, mais souvent le sarrasin est atteint par les gelées ; dans la vallée de Louron, on sème depuis le 25 mai jusqu'à la mi-juin ; dans la vallée de la Neste, les semailles ont lieu dans la première quinzaine de juillet.

La végétation du sarrasin est entièrement subordonnée aux chances atmosphériques. En général, on aime que la température soit modérée et plutôt humide que sèche ; il est rare, toutefois, qu'on jouisse complétement de ces avantages ; le vent de sud, au moment de la floraison, fait souvent avorter la graine ; des pluies abondantes et continuelles, et les vents froids, lui sont très-contraires ; la plante enfin est quelquefois surprise par les gelées précoces de l'automne : il en résulte que cette récolte est très-casuelle. On coupe le sarrasin, avec la faucille, dans le mois de septembre et jusqu'à la fin d'octobre ; on le laisse en javelles pendant cinq ou six jours, et on le bat aussitôt après. La paille du sarrasin passe pour une mauvaise litière, à cause de sa lente décomposition ; il est d'observation qu'elle fait maigrir le bétail, lorsqu'on la lui fait manger à défaut d'autre fourrage. Le grain sert à élever la volaille ; on l'emploie aussi à confectionner des pâtes mêlées de graisse et de beurre pour la nourriture des domestiques.

RÉCOLTE-RACINE.

POMMES DE TERRE.

La pomme de terre est généralement cultivée, dans le département, pour les besoins du ménage et l'entretien de quelques animaux domestiques ; nulle part elle n'occupe une sole en rapport avec sa valeur et les ressources

qu'elle présente pour la nourriture du bétail.
La culture de la pomme de terre, bien qu'assez uniforme dans toutes les localités, offre cependant quelques procédés particuliers.

Dans le canton de Vic, on ne lui consacre pas de terrain spécial ; on la plante dans les *vergers* (vignobles en hautains); les façons préparatoires qu'elle reçoit ne sont autres que les cultures qu'on donne à la vigne ; la charrue passe deux fois dans le sol; on plante, dans la dernière quinzaine de mai, 3 hectolitres environ de tubercules coupés, par journal de 22 ares; on butte à la pioche ou à la charrue, et l'on récolte aussi tard que possible, c'est-à-dire depuis octobre jusqu'en décembre, si le temps le permet. Le rendement moyen est de 15 à 20 hectolitres par journal.

Dans le canton de Castelnau, on porte le fumier sur le chaume de la dernière céréale,

on laboure, on plante 4 hectares environ de
tubercules coupées par journal de 38 ares, et
l'on recouvre les semences avec une binette.
Pendant leur végétation, les pommes de terre
reçoivent un binage, on les butte ensuite avec
la rasette. L'arrachage a lieu en octobre et en
novembre; le journal rend 15 à 20 hectolitres. On conserve les pommes de terre en
les plaçant dans l'écurie, ou sous des lits;
elles servent à nourrir les porcs, mais on ne
les donne pas aux vaches.

Dans le canton de Galan, on plante les
pommes de terre depuis le mois de mai jusqu'à la Saint-Jean; elles sont à 32 centimètres de distance les unes des autres dans
les lignes; celles-ci occupent deux raies de
charrue; l'arrachage s'effectue en octobre;
on se sert du rasereau pour enlever les tubercules. La récolte se conserve dans les
étables.

Dans la plaine de Tarbes, les pommes de terre se cultivent exactement de la même manière que le maïs. Les semailles commencent en mai et se prolongent jusqu'en juillet. Les pommes de terre, plantées à la première saison, peuvent être coupées et placées très-près de la surface; pour les autres, on regarde comme nécessaire de les planter entières, et de les enterrer à 13 centimètres de profondeur : quand les tubercules sont petits, on en met souvent deux dans le même trou; on les espace à 73 centimètres en tous sens. La récolte a lieu en novembre, aussitôt les premières gelées. On se sert du rasereau pour extraire les pommes de terre, en ne prenant successivement qu'une rangée sur deux, jusqu'à ce que les tubercules aient été ramassés; on attaque ensuite les autres lignes. Sur les coteaux, on laisse les tubercules en terre pendant une partie de l'hiver; vers la fin de cette saison, on les arrache pour les porter

au grenier. Près de Tarbes, on conserve généralement les pommes de terre dans des
caves.

Dans le canton d'Argelès, les pommes de
terre sont plantées, en avril, sur un seul labour ; on les bine à la main. Les pommes de
terre hâtives se récoltent en juillet, les autres
en septembre.

Dans le canton de Saint-Pé, tous les propriétaires cultivent des pommes de terre pour
leur propre consommation et pour l'engrais
des veaux et des porcs : on les donne crues
aux veaux et cuites aux porcs. La plantation
s'exécute à la fin d'avril et dans le courant
de mai : on coupe les tubercules par morceaux. La récolte est toujours fumée ; on enterre l'engrais par le seul labour que reçoit
le sol. On herse, on trace les raies au marquoir, et l'on plante les tubercules à la bêche.

Toutes les plantes se trouvent à 48 centimètres en tous sens les unes des autres. La récolte a lieu dans les premiers jours de novembre; l'arrachage s'effectue avec la bêche.
On conserve les pommes de terre dans les
granges à bestiaux ; lorsqu'on craint la gelée, on les couvre de paille.

A Luz, les pommes de terre se plantent
en mai, et se récoltent au commencement
d'octobre.

Dans la vallée de Campan, on plante les
pommes de terre en coupant les tubercules
en trois ou quatre morceaux. On les espace à
21 centimètres dans les lignes; celles-ci se
trouvent à 70 centimètres d'écartement. La
plantation a lieu dans les mois de mars et de
juin, et quelquefois aussi en juillet. Dans le
cours de la végétation, on donne deux ou
trois cultures avec la rasette. Quelques cul-

tivateurs retranchent les fleurs dès qu'elles se montrent; ils se trouvent très-bien de cette opération. La récolte s'effectue vers la fin d'octobre : on enlève les tubercules à la pioche.

Dans la vallée d'Aure, la plantation a lieu à la fin d'avril. On place souvent les pommes de terre après un farouch.

Dans la vallée de Louron, la plantation commence vers le 20 mai et finit dans la première quinzaine de juin. On n'emploie guère pour semence que les pelures des tubercules. On plante de deux raies l'une, en plaçant les pommes de terre à 16 centimètres les unes des autres dans les lignes. Le buttage s'effectue en deux fois : le premier se donne quand les tiges ont 10 centimètres de hauteur; le deuxième, au moment de la floraison. La récolte à lieu à la mi-octobre ; on se sert de la charrue pour extraire les tubercules. L'importation de la pomme de terre dans cette vallée ne remonte pas à plus de quarante-sept ans. En 1795, un commissaire du gouvernement fut chargé de faire ensemencer en pommes de terre une certaine étendue de terrain proportionnée à l'importance de chaque famille. Dans les commencements, les habitants ne cessaient de se plaindre de cet ordre, et suppliaient l'autorité de les dispenser d'y obéir; entre autres griefs, ils prétendaient qu'on leur faisait perdre une année de revenu, en chargeant leur terre d'une récolte inutile. On tint bon : peu à peu les préjugés tombèrent; la pomme de terre devint une partie de la nourriture habituelle, et passa de l'homme aux animaux. Aujourd'hui, on regrette de ne pouvoir lui consacrer plus de terrain; chaque famille en plante pour sa consommation. Grâces à ce tubercule, on ne connaît plus de jachère dans la vallée et l'on

17.

ne craint plus la disette. Les habitants conservent la récolte dans les caves; ils ont remarqué que, lorsqu'il pleut abondamment
dans les mois de septembre et d'octobre, les
pommes de terre deviennent creuses.

Dans le canton de Lannemezan, on plante
les pommes de terre en mai; elles sont arrachées en octobre. Cette récolte est toujours
fumée. On lui fait succéder du blé ou de
l'avoine.

Dans le canton de La-Barthe, on prépare
la terre par trois labours. Les pommes de
terre sont coupées en autant de morceaux
qu'elles portent de germes; quelques-uns
même mangent l'intérieur des tubercules et
se contentent de semer les pelures; ils pré-
tendent obtenir ainsi des récoltes aussi belles
que s'ils avaient planté la pomme de terre
intacte : résultat possible, sans nul doute,

mais lorsque l'année est très-favorable ; par
des temps contraires, on s'exposerait à perdre
la plus grande partie de la semence : dans
tous les cas, on prive la jeune plante de sa
nourriture principale pendant la première
période de sa végétation ; conséquemment,
on affaiblit ses forces, et l'on ne récolte plus,
à la longue, que des variétés dégénérées. La
plantation s'effectue depuis le 1er mai jusqu'à
la Saint-Jean. La première quinzaine de juin
passe pour l'époque la plus favorable. On met
environ 3 hectolitres de semence par journal
de 25 ares. Le fumier est enterré au moment
où l'on met les tubercules en terre. On plante
derrière la charrue. Les lignes sont à 75 centimètres les unes des autres ; les plantes se
trouvent placées à 13 centimètres dans la
raie, distance trop rapprochée de moitié. La
première façon se donne à la pioche, alors
que les tiges ont atteint 8 centimètres d'é-
lévation, on bine seulement les plantes, en

rapprochant la terre au pied de chaque tige. La deuxième façon s'exécute avec une charrue sans oreilles ; elle a pour but de détruire les mauvaises herbes. Quand les pommes de terre ont 16 centimètres, on fait passer le *croissant*. Le buttage s'effectue en une seule fois. La récolte a lieu à la fin d'octobre : on arrache les tubercules à la charrue. Le rendement moyen est de 30 à 35 hectolitres de pommes de terre par journal de 25 ares.

DÉPENSES ET PRODUITS.

Loyer du sol.	18^f	00^c
Contributions.	1	00
Labours.	6	00
Fumure.	20	00
Semence (3 hectolitres à 1 fr. 50 cent.).	4	50
Journées de femmes.	1	50
Cultures pendant la végétation.	4	00
Arrachage.	3	00
	58	00

PRODUIT.

Trente-deux hectolitres à 1 fr. 50 cent......   48^f

Différence en perte......   10

Au premier coup d'œil, le déficit semble surprenant, et forme un véritable contre-sens avec les réflexions placées à la tête de cet article; mais, au lieu d'accuser la pomme de terre de résultats aussi minimes, il faut s'en prendre à l'imperfection des procédés appliqués à la culture de cette plante. Si le sol recevait des labours profonds et une fumure abondante; si les semailles étaient faites plus tôt, en mars, par exemple, ou dans la première quinzaine d'avril; si l'on employait les tubercules en leur entier; si, au moment de la levée, on hersait le terrain pour détruire les mauvaises herbes; si les binages et buttages étaient faits à propos, il est probable qu'on obtiendrait plus de succès. Un hectare bien traité rend aisément 200 hectol. de pommes de terre : c'est presque le double de ce qu'on récolte aujourd'hui dans les Hautes-Pyrénées.

LÉGUMES [1].

Les légumes cultivés dans le département sont : les fèves, les lentilles et les haricots, ces derniers ne sont jamais semés isolément, on les plante dans la récolte du maïs. Il ne reste donc à exposer que les procédés de culture usités pour les fèves et les lentilles.

FÈVES.

La culture des fèves n'existe que sur une très-petite échelle dans le département ;

[1] Il n'est point question ici des cultures de jardinage ; on ne parle que des légumes cultivés en plein champ.

elle conviendrait particulièrement aux terres fortes de l'arrondissement de Tarbes, et y remplacerait avec avantage la jachère triennale, si on la traitait avec soin. Les procédés suivis aujourd'hui sont très-défectueux.

La grande fève est la seule variété que l'on sème; nulle part on ne cultive la fève de cheval (*faba equina*), qui fournit une excellente nourriture pour les bestiaux, surtout pour les animaux à l'engrais et l'espèce chevaline. Dans le canton de Tarbes, on prépare le sol par un seul labour qui enterre le fumier et la semence; celle-ci est répandue à la volée; elle ne reçoit aucune façon pendant sa végétation, aussi la récolte est-elle ordinairement infestée de mauvaises herbes et, par suite, devient-elle un très-médiocre précédent pour les cultures qu'on lui fait succéder. On sème dans la dernière quinzaine de novembre 25 litres par journal de 22 ares 76 centiares.

Les fèves sont sujettes à être attaquées par la
rouille et les pucerons; on ne peut combattre
ce dernier fléau qu'en activant la formation
de la graine; une fois que les gousses ont
noué, les ravages de l'insecte ne sont plus guère
à redouter. La récolte a lieu dans le mois de
juillet; on laisse les fèves sécher complète-
ment sur pied, puis on les coupe avec la
faux, on les bat au fléau sur l'aire. Le rendement, très-casuel, produit de six à douze
fois la semence.

A Galan, les fèves se sèment dès la fin de
septembre ou les premiers jours d'octobre;
on répand, à la volée, 2 hectolitres et demi
par hectare; quelques propriétaires, par exception, les sèment en lignes et les binent
avec soin; toutes circonstances d'ailleurs égales, ils récoltent dans la proportion de quinze
à vingt pour un, tandis que ceux qui suivent
la méthode ordinaire obtiennent rarement

plus de huit fois la semence. La houe à cheval rendrait très-économique la culture en rayons de cette plante.

Dans la vallée d'Aure, on sème les fèves en octobre et en février; cette dernière époque est la plus généralement suivie. On les sème en lignes, la récolte s'effectue en septembre.

LENTILLES.

Ce n'est que dans certaines vallées des Pyrénées qu'on se livre à la production de cette plante. Les détails de sa culture sont très-simples. On prépare la terre par un ou deux labours, on herse, puis on répand la semence par potées ou en lignes; cette opération s'exécute dans le courant de mai. Lorsque les lentilles sont mûres, on les arrache à la main et on les fait sécher pendant plusieurs jours sur

le sol en plaçant les racines en l'air. La récolte est battue au fléau. La paille bien récoltée fournit une excellente provende pour
les bêtes à laine.

PLANTES FOURRAGÈRES.

Les plantes fourragères cultivées dans le
département sont : le farouch, le trèfle rouge
et la luzerne.

FAROUCH.

Le farouch, bien que semé le plus souvent en récolte dérobée, est une des cultures
importantes du département. Il succède ordinairement à un blé; on le récolte pour fourrage dans le mois de mai, et on le remplace
par du maïs; quelquefois on l'enterre en vert
pour servir de fumure au maïs; d'autres fois,
on le remplace par des pommes de terre sur

l'unique labour qui a renversé le chaume; parfois enfin on laisse la terre en demi-jachère
après cette récolte, et, dans ce cas, c'est le
blé qui lui succède.

Dans le canton de Vic, on donne un labour superficiel au sol; quelques-uns labou-
rent profondément et s'en trouvent bien. Les
semailles ont lieu en août; on répand 3 hectolitres de semence par journal de 22 ares.
La graine n'est point séparée de son enveloppe. Il est d'observation ici que les semailles
les plus épaisses sont les meilleures; celles
qui sont claires ne rendent presque rien; on
recouvre à la herse. Certains propriétaires
sont dans l'usage de faire pâturer leur farouch
pendant tout l'hiver; ils l'enfouissent ensuite
au printemps comme engrais pour le maïs;
la plupart le fauchent du 8 au 15 mai, alors
qu'il est en pleine fleur. Les bestiaux le
mangent en grande partie en vert, le reste

est fané; on le laisse un jour en andains sur le sol, le lendemain, on le met en tas quand le temps est beau; ensuite, on l'éparpille; tous les soirs on le remet en tas; cette opération se continue jusqu'à ce que le farouch soit assez sec pour être rentré; son fanage est très-difficile. Donné en vert, le farouch forme une excellente nourriture, il engraisse les bœufs; sec, on ne l'estime guère au-dessus de la paille. On porte à 1,500 kilogr. le rendement du farrouch par journal, lorsque la récolte est fanée.

Dans le canton de Castelnau, on sème le farouch en juillet et en août, sur une terre tantôt légèrement labourée, tantôt simplement hersée, quelquefois aussi sans aucune préparation. On met 4 hectolitres par journal de 38 ares. La fauchaison s'effectue depuis le 1ᵉʳ jusqu'au 20 mai. Dans cette localité, on considère le farouch comme un amendement pour le sol. Le maïs semé sur farouch est plus tardif, mais très-beau. Quand on le laisse venir à graines, on ne le fauche qu'à la fin de juin ou dans les premiers jours de juillet. Le journal bien réussi produit 30 hectolitres de graines.

Dans le canton de Rabastens on déchaume quinze jours après l'enlèvement de la récolte de blé ; on répand la semence en août, sans la couvrir.

Dans le canton de Tournay on cultive deux variétés de farouch : la variété ordinaire, qui se fauche du 8 au 15 mai, et une autre variété plus précoce. Dans cette localité le farouch est souvent semé sur maïs; la préparation du sol consiste à abattre les ados de la récolte sarclée.

Près de Tarbes, aussitôt la récolte de blé

enlevée, on donne un coup de charrue pour combler les raies, on nivelle ensuite le terrain avec le *glissoir;* on sème vers le 20 juillet, et l'on recouvre les semences par un coup de herse; à l'automne, on peut déjà faire pâturer le farouch; quelques cultivateurs de ce canton se plaignent de ce qu'il météorise les animaux. La variété précoce est connue dans cette localité.

La culture du farouch, dans les autres arrondissements, offre les mêmes détails que dans l'arrondissement de Tarbes.

TRÈFLE ROUGE OU DE HOLLANDE.

La culture du trèfle dans les Hautes-Pyrénées est loin d'avoir l'importance qu'elle mérite lorsqu'on se reporte aux avantages de cette plante. Si l'on peut, en quelque sorte, s'en passer complétement dans les terres lé-

gères des cantons de Vic et de Tarbes, par
suite des nombreuses prairies irriguées dont
on y dispose, et du riche assolement biennal:
blé, farouch et maïs qu'on y suit; en revanche, on ne peut s'empêcher de regretter
qu'on lui accorde si peu de place dans les
terres fortes de l'arrondissement, par exemple, à Castelnau-Rivière-Basse, Rabastens,
Tournay, Trie, Pouyastruc, Galan et Castelnau-Magnoac. Ces localités, où la jachère revient généralement tous les trois ans dans un
sol éminemment propre à la culture du blé,
des fèves et du trèfle, trouveraient un grand
profit à introduire cette dernière plante sur
une large échelle; il faudrait alors modifier
la succession actuelle des cultures. La rotation suivante serait celle que nous propose-
rions en toute confiance pour les sols argileux du département:

1re année, jachère fumée;
2e —————— blé;
3e —————— trèfle;
4e —————— trèfle;
5e —————— blé ou maïs;
6e —————— avoine.

Les prés seraient en dehors de l'assolement. La jachère pure ouvrirait le cours, parce qu'il est de la plus haute importance de mettre la première récolte dans les conditions les plus favorables, et que de cette base dépend le succès des plantes qui suivent; ainsi, jachère bien travaillée et bien fumée. Le blé, après jachère, réussira infailliblement; le trèfle qu'on y sème, trouvant une terre propre et en bon état d'engrais, couvre le sol au printemps de la troisième année; si la température n'est pas trop défavorable, on peut compter sur deux bonnes coupes et un regain à pâturer. A la quatrième année on ne prendra qu'une seule coupe, et immédiatement après on renversera l'éteule par un labour profond; la terre restera en demi-jachère et recevra encore une ou deux cultures avant l'emblavement de l'automne. Si une partie de la sole devait être consacrée au maïs, au lieu d'une demi-jachère on aurait une jachère complète, ce qui assurerait une belle récolte de maïs. A la sixième année, on prendrait une récolte d'avoine, laquelle vivrait fort bien sur les détritus laissés par le trèfle et clorait avantageusement la rotation. Le cours, dès lors, pourrait recommencer avec une jachère utilisée : sur fumure on sèmerait des vesces ou des fèves; celles-ci en lignes et sarclées; la jachère pure ne serait plus admise qu'accidentellement, et si le sol venait à se lasser d'un retour aussi fréquent du trèfle (dans les sols argileux du pays il revient sans inconvénient tous les quatre ou cinq ans), on pourrait modifier ainsi la rotation:

18.

1re année, jachère ou vesces fumées;

2e ———— blé;

3e ———— fèves sarclées, dravière, ou maïs fumé;

4e ———— blé;

5e ———— trèfle;

6e ———— avoine, blé ou maïs.

Dans le premier cours on aurait deux blés et une avoine en six ans, et, de plus, deux années de récoltes fourragères, ce qui obligerait encore à avoir des prés naturels en dehors de la rotation; dans le second assolement, on aurait trois récoltes de céréales et trois récoltes de plantes à fourrages; l'une et l'autre rotation permettraient de tenir assez de bétail de rente pour les besoins de l'exploitation.

Revenons maintenant à la culture du trèfle, telle qu'elle se pratique dans le département.

Dans le canton de Castelnau-Rivière-Basse
chaque propriétaire n'ensemence guère que
deux journaux (76 ares) en trèfle et seulement pour y faire pacager le bétail; attrait
irrésistible pour les bergers maraudeurs qui
ne se font pas faute d'y lâcher leurs bêtes à
laine pendant la nuit.

Dans le canton de Rabastens on sème le
trèfle, au mois de mars, dans le blé ou bien
dans l'orge; on a reconnu qu'il venait mieux
sur cette dernière que dans toute autre céréale; l'avoine est regardée comme le moins
bon précédent, probablement parce qu'elle
vient elle-même après un blé, et que le trèfle
se trouve ainsi dans un sol épuisé et sali par
les mauvaises herbes : si l'avoine avait remplacé une récolte sarclée et fumée, le trèfle,
sans aucun doute, y réussirait aussi bien que
dans l'orge. La semence est répandue sans
qu'on ait d'abord hersé le champ; cette pré-

paration peu dispendieuse aurait le double avantage de profiter à la céréale et au trèfle. On met 3 kilogrammes de semence par journal de 25 ares 52 centiares. Dès la première année, le trèfle fournit une coupe bonne à faucher en septembre. Au printemps de l'année suivante, on plâtre dans la proportion de 2 hectolitres par hectare. On préfère le plâtre cuit au plâtre cru, comme produisant son effet par toute espèce de température, sèche ou humide. On fauche lorsque le trèfle est en pleine fleur. Le mode de dessiccation est très-simple ; le trèfle, après avoir été fauché, est laissé d'abord en andains; on l'étend et on le retourne légèrement, puis on le met en petites *mesures* (meules) dont on augmente successivement le volume suivant l'état avancé de la fenaison. On rentre le fourrage sans le botteler; la seconde coupe est souvent réservée pour porte-graines. On compte, en général, sur deux coupes et un regain; la première coupe rend 25 quintaux par journal, quand l'année a été favorable ; mais il arrive souvent qu'elle produit un tiers en moins. Le blé succédant à un trèfle d'un an est bon et très-propre, moins pesant cependant qu'après une jachère ; après un trèfle de deux ans, on a plus de paille que de grain, résultat facile à prévoir, puisque le trèfle est souvent infesté de mauvaises herbes à la fin de la deuxième année et qu'on sème le blé sur un seul labour ; en ne prenant qu'une seule coupe à la deuxième année et en faisant une demi-jachère, le blé ne laisserait rien à désirer sous le rapport de la qualité et de la quantité.

Quelques propriétaires du canton de Rabastens, après avoir fauché la dernière coupe de trèfle, sèment le blé sur l'éteule même et enterrent le tout par un même labour.

Dans le canton de Galan, on trouve que le

trèfle dans le millet réussit mieux que dans toute autre céréale ; on le sème souvent encore dans le blé ou l'avoine. Les semailles ont lieu ordinairement en mars ; quelques-uns sèment le trèfle en mars, et dans sa balle. Quand la graine est nue, on met 2 à 3 kilogr. par journal de 25 ares 52 centiares. La première coupe se fauche en juin, et rend peu ; la seconde est réservée pour la graine qui forme ici le produit principal du trèfle. La plupart des cultivateurs ne gardent le trèfle qu'une année ; quelques-uns le conservent pendant deux ans ; ils le remplacent par un blé.

Dans les cantons de Trie et de Castelnau-Magnoac, on sème le trèfle depuis mars jusqu'à la fin d'avril dans le blé ou dans la *pamelle* (orge à deux rangs) ; on répand la semence sans hersage préalable. La première année le trèfle est pacagé ; la première coupe de la deuxième année se fauche au commencement de juin ; on la traite comme le foin de prairies, mais en l'éparpillant avec plus de précaution ; la deuxième coupe est réservée pour graine : c'est un des commerces du pays. Le journal produit communément 100 kilog. de graines valant 80 francs. La semence de trèfle est battue au fléau ; on choisit les nuits d'été pour cette opération. Le trèfle ne dure qu'une année dans ces deux cantons. On sème généralement après cette récolte un blé, lequel est fumé.

Dans le canton de La-Barthe on sème le trèfle en mars dans le blé d'hiver ; après l'enlèvement de la céréale on obtient une première coupe de fourrage. Il dure deux ans, donne deux bonnes coupes par an, sauf la deuxième année, où il se remplit ordinairement de mauvaises herbes. On défriche le trèfle en mars pour y semer du maïs dans le mois de mai.

La culture du trèfle dans les autres cantons de l'arrondissement de Bagnères et de celui d'Argelès est tout à fait exceptionnelle.

LUZERNE.

La luzerne occupe encore moins de place que le trèfle dans les assolements du département ; elle réussirait particulièrement dans les terres siliço-argileuses de l'arrondissement de Tarbes et donnerait de riches produits si on la traitait comme les prés, c'est-à-dire en la fumant, et en la soumettant à l'irrigation.

La luzerne est semée dans le blé, l'avoine ou le millet. On répand 2 à 3 kilogrammes de semence par 25 ares ; on ne la plâtre pas ; mais au mois de mars, chaque année, on lui applique des terrages. On coupe aussitôt que la fleur se montre, sans attendre qu'elle soit complétement développée ; le fourrage est étendu vert dans le champ; on l'y laisse jusqu'à ce qu'il soit fané, on le retourne ensuite; le soir et le matin à la rosée, et quand il est suffisamment sec on l'entasse en meules : au bout de quelques jours on le rentre non bottelé. La seconde coupe est réservée comme porte-graines. Les cantons de Galan, de Lannemezan et de Bouloigne (département de la Haute-Garonne) font le commerce de cette graine et viennent s'en approvisionner dans la vallée de la Neste. La troisième pousse est pacagée. La luzerne dure de trois à quatre ans ; nulle part on ne la herse pendant la végétation. Sur son défriché on prend un millet; on sème ensuite du blé que l'on fume, et l'on remplace celui-ci par du maïs. On la fait revenir sur le même champ après un intervalle de cinq ou six années.

Du côté de Gèdre et de Gavarnie (arrondissement d'Argelès), on sème assez souvent un mélange de seigle et de vesces, connu sous le nom de *dravière*. Les semailles ont lieu dans la première quinzaine de septembre. On enterre sous raies; on coupe quand une partie des gousses de la vesce sont formées : c'est un des fourrages les plus abondants et les meilleurs qu'on puisse donner au bétail; sa culture devrait être répandue dans le reste du département. On sème un tiers de seigle contre deux tiers de vesces.

PLANTES TEXTILES.

Les plantes textiles cultivées dans les Hautes-Pyrénées sont le lin et le chanvre.

LIN OU LINET.

On connaît deux variétés de lin dans le département : le lin d'hiver et le lin de printemps. L'une et l'autre ne se cultivent guère que dans la proportion des besoins de chaque ménage. La première variété est plus généralement répandue.

LIN D'HIVER.

Dans le canton de Vic, la terre destinée à être ensemencée en lin reçoit quatre labours; on fume avec du fumier court. La semaille a lieu vers la fin de septembre ; on met, en deux fois, 1 hectol. de graine par journal de 22 ares 43 centiares. La moitié de la graine est enfouie par un labour léger ; l'autre moitié est ensuite semée : des *émotteuses*, armées d'un petit maillet, viennent briser les mottes dans le champ et recouvrent ainsi le nouvel ensemencement. On ne sarcle qu'une fois; l'arrachage s'effectue du 15 au 20 juin. On laisse la récolte étendue sur le champ jusqu'à ce qu'elle soit suffisamment sèche. Ce point obtenu, on en extrait la graine, puis on fait rouir les tiges sur un pré; elles y restent pendant un ou deux mois. On compte sur 3 ou 4 hectolitres de graine par journal; le produit en filasse est très-éventuel.

Dans le canton de Castelnau, on cultive du lin uniquement pour occuper les servantes pendant l'hiver. Le lin succède quelquefois au maïs, le plus ordinairement il remplace le blé. Le sol se prépare de la manière suivante : on laboure, on enlève tous les chaumes de la céréale, on répand le fumier, on l'enterre par le labour, on sème le lin et l'on enfouit la semence par l'opération de l'émottage. Les semailles ont lieu en août; plus elles sont précoces, mieux le lin résiste à l'hiver; on répand 2 hectolitres de graines par journal de 38 ares. On sarcle une fois; on arrache les tiges dans le courant de juin, on en'extrait la graine, puis on fait rouir le lin dans l'eau pendant huit ou dix jours. Après ce temps, on porte la récolte sur le pré, elle achève de s'y rouir.

Dans le canton de Rabastens, on a remarqué que le lin semé sur parc était plus beau que celui venu sur fumure d'étable.

A Galan, on met un hectolitre de semence par journal de 25 ares 52 centiares. On sarcle en avril ou en mai; on arrache à la mi-juin; le rouissage a lieu sur pré.

Dans le canton de Castelnau-Magnoac, le lin est semé sur jachère.

Dans la plaine de Tarbes, on donne deux
labours suivis de hersages pour le lin; on répand, au mois d'octobre, 80 litres de semence par 22 ares 43 centiares; des femmes
couvrent la graine avec un rateau. Certains
propriétaires enterrent une partie de la semence par un labour de 8 centimètres et répandent ensuite le reste en le recouvrant avec
le rateau; dans ce dernier cas, on met 100 litres de graine par journal; on sarcle une fois
au printemps; quelques-uns diffèrent, à tort,
cette opération jusqu'au moment de la floraison. La récolte est arrachée à la Saint-Jean;
on l'étend d'abord sur place pour lui faire subir une première dessiccation, on le porte
ensuite à la grange, il y reste pendant quelques jours; après ce temps, on extrait la
graine à l'aide d'un maillet ou d'un battoir
représenté par une planche carrée de 5 centimètres d'épaisseur, sur 10 de large et 18
de longueur, laquelle est traversée par un

manche placée de biais de 1 mètre environ de longueur. Le rouissage généralement usité est le rouissage sur pré; très-peu font rourir le lin dans l'eau; dès que la substance gommo-résineuse est suffisamment dissoute, on dresse le lin pour le faire sécher et on l'écarte du pied. Le journal rend 2 hectolitres de graines et 100 kilogr. de filasse.

Dans le canton d'Argelès, le lin se sème en septembre; on met 1 hectolitre de graine par 18 ares 76 centiares; on récolte dans les premiers jours de juillet. Rouissage sur pré. Après le lin, on prend un millet en récolte dérobée et sans fumure.

Dans le canton de Lourdes, on fume, on laboure, on herse, on sème le lin et on l'enterre par un coup de herse. Les semailles ont lieu en septembre; on répand un hectolitre de graines par journal de 18 ares 76 centiares. On donne un sarclage à la main en avril; l'arrachage a lieu à la fin de mai; lorsque la floraison n'est pas contrariée par les gelées, on peut compter sur une récolte abondante de graines; sans cela, la fleur coule. Le rouissage s'opère sur pré; le lin y séjourne de vingt à vingt-cinq jours, suivant qu'il pleut plus ou moins pendant ce temps; lorsque la récolte est épaisse, on la dresse sur le sol en écartant les tiges du pied; si elle n'a rien d'extraordinaire, on la laisse étendue par terre. Le lin bien réussi rend 2 hectolitres de graine par journal, et de 80 à 100 kilogr. de filasse.

DÉPENSES ET PRODUITS DE LA CULTURE DU LIN DANS LE CANTON DE LOURDES.

Loyer du journal....................	30^f	00^c
Contributions.....................	1	00
Labours et hersages................	5	00
A reporter......	36	00

Report......	36^f	00^c
Fumure...........................	12	00
Semence..........................	16	00
Deux journées de femme pour sarcler...	1	50
Arrachage du lin (trois journées de femmes............................	2	25
Massage (deux journées de femme)......	1	50
Rouissage (une journée de femme pour étendre le lin et le rentrer).........	0	75
Teillage (six journées de femme).......	4	50
Peignage..........................	2	00
	76	50

PRODUIT.

Deux hectolitres de graine, à 16 francs l'hectolitre......................	32^f	00
Cent kilogrammes de filasse, à 1 franc le kilogramme.....................	100	00
	132	00
Différence en bénéfice......	55	50

19.

Dans le canton de Bagnères, le sol destiné
au lin reçoit quatre labours , on fume légèrement; on répand 1 hectolitre de graines par
journal de 22 ares, et l'on enterre la semence
à la herse. Le lin est ordinairement sarclé
deux fois, en mars et en avril, on l'arrache à
la Saint-Jean. Il reste étendu en javelles jusqu'à ce que la graine soit bien sèche, on ne le
retourne que lors qu'il pleut; la graine s'extrait à l'aide du fléau; l'opération du massage
terminée, on porte le lin sur le pré pour le
faire rouir; quinze jours suffisent, quand il
fait beau, pour dissoudre la substance gommo--
résineuse qui enveloppe la filasse; on retourne
de temps en temps le lin, quand l'opération
du rouissage est contrariée par les pluies. Le
rendement moyen d'un journal de lin bien
réussi est de 3 hectolitres de graines et de
100 kilogr. de filasse.

Dans la vallée de Louron, le lin d'hiver se

sème en octobre; on met 250 litres par hectare et l'on ne sarcle qu'une fois. L'arrachage
a lieu dans la première semaine de juillet.
On ne le laisse d'abord que vingt-quatre heures sur le sol, puis on le conduit à la ferme
où s'effectue l'extraction de la graine au moyen
d'un maillet; on le porte ensuite sur les prés,
il y reste de quinze jours à trois semaines. Le
rouissage à l'eau n'a pas eu de bons résultats
dans cette localité.

LIN DE PRINTEMPS.

On le sème en mars, en avril et en mai. Les
uns répandent 60, les autres 80, d'autres
100 litres par 25 ares. On sarcle une fois.
La récolte a lieu vers la fin de juillet ou dans
le mois d'août; elle se traite de même que
celle du lin d'hiver. Le rendement du lin de
printemps passe pour très-éventuel, à cause
des gelées tardives et des sécheresses. Dans le

canton de Lourdes, le lin d'été se sème sur labour frais, on répand le fumier sur la semence et l'on n'enterre ni la graine ni l'engrais; cette fumure en couverture a pour but de préserver la jeune plante des gelées.

CHANVRE.

La culture du chanvre est restreinte à quelques petites vallées de la montage; on ne la rencontre guère qu'à Saint-Sauveur, à Pragnères, à Scia, et dans la vallée de Louron. Les procédés de culture sont les mêmes dans toutes les localités. Le sol reçoit au moins deux labours; partout ils sont trop superficiels. On fume avec du fumier bien décomposé et aussi fortement que possible. Quand le terrain est suffisamment ameubli, on sème dans la première quinzaine de mai 2.5o litres environ de graines par hectare; un enfant veille ordinairement dans le champ, pour

écarter les oiseaux jusqu'à la levée de la semence. Pendant la végétation, on ne prend
aucun soin du chanvre. La floraison a lieu
vers la Notre-Dame d'août; on commence par
arracher les pieds mâles aussitôt qu'ils ont
répandu leur poussière fécondante, et on les
fait sécher sur le sol. Les pieds femelles sont
arrachés dans la première huitaine de septembre; on fait d'abord sécher la graine, afin
de la détacher avec un maillet, ensuite on
étend les tiges sur un pré, elles y rouissent
pendant quinze jours ou trois semaines, on
les retourne quand le temps est pluvieux. Le
rendement du chanvre dépend beaucoup de
la température; le blé qui succède à cette récolte est ordinairement fort beau, le grain a
du poids, qualité qu'il doit en partie au sol
propre et bien fumé dans lequel il a végété.

VIGNE.

La vigne joue un rôle important dans les productions agricoles de l'arrondissement de Tarbes ; dans les deux autres circonscriptions, elle doit être considérée plutôt comme un objet de luxe que comme un produit réel, le climat de la montagne s'opposant, en général, à ce qu'elle puisse réussir dans ces âpres régions.

On distingue deux manières de cultiver la vigne dans le département : en *espaliers* ou *vignes basses,* et en *hautains* ou *vergers ;* la même localité fournit souvent un exemple de ces deux méthodes. Dans la plupart des cantons, au nord et à l'est de Tarbes, il existe une tendance manifeste à remplacer les hautains par les vignes basses ; les hautains dominent surtout dans les cantons de Vic, de Maubourguet et dans ceux de Tarbes, sud et nord.

Les procédés d'exploitation ne sont pas uniformes.

Vic possède des vignes basses et des hautains. Les vignes basses sont généralement plantées au pieu, à un mètre dans les lignes ; les rangées se trouvent espacées de 2 mètres entre elles. L'année même de la plantation, mais seulement cette année-là, on fume avec du terreau, des balles de grains et du marc de vendange ; on met des tuteurs aux jeunes vignes dès la première année ; elles entrent en rapport à la quatrième année. Du 15 au 20 mai, on leur donne tous les ans deux cultures à la charrue ; la première consiste à déchausser le plant et à rejeter la terre vers le milieu de chaque rangée ; pour le premier labour, on travaille en sens inverse, c'est-à-dire qu'on rechausse le plant ; dans l'intervalle de ces deux façons, on donne une culture à la bêche au pied des vignes ; chaque pieu ne supporte qu'un seul cep de vigne basse.

Les vignes hautes se plantent au fossé, on creuse le sol à 5o centimètres de profondeur sur une largeur d'un mètre environ. La première année, on terre les vignes et on les soutient par un échalas ; à la deuxième année, on plante les hautains, c'est-à-dire les cerisiers et les érables champêtres destinés à servir de tuteurs ; ceux-ci sont étêtés et ne gardent que quatre branches à leur sommité ; ils supportent chacun trois plants de vignes que l'on fait courir en croix d'un arbre à l'autre sur des tiges de viorne ; suivant la force du cep, on laisse cinq à six yeux à la taille. Les hautains sont cultivés chaque année de même que les vignes basses ; ils passent pour être

moins sujets que ces dernières aux brouillards et aux gelées tardives; celles-ci produisent davantage, mais le vin est de qualité inférieure, excellent toutefois pour être converti
en esprit. La petite culture sème dans les
hautains du farouch et des pommes de terre;
la grande propriété ne charge d'aucune récolte l'intervalle des rangées.

Dans le canton de Maubourguet, les vignes
en espaliers occupent les coteaux; les hautains se trouvent dans la plaine : même culture qu'à Vic.

On ne cultive la vigne qu'en hautains,
dans le canton de Castelnau-Rivière-Basse,
seulement, au lieu d'arbres en végétation
pour tuteurs, on se sert de *hautains-morts*,
c'est-à-dire d'échalas en châtaignier, dont la
hauteur varie suivant l'âge de la vigne; dans
ses premières années, on emploie des tuteurs

de 65 centimètres à un mètre; plus tard, les
tuteurs ont 2 mètres d'élévation; quand la
vigne est en pleine croissance, à six ou sept
ans, on lui donne pour soutien des échalas
de 5 à 6 mètres de hauteur. Toutes les variétés sont mêlées; la plantation a lieu au
pieu et au fossé. Cette dernière méthode
passe pour la meilleure, à cause du défonce-
ment du sol et des terreaux qu'on jette au
fond de la fosse; les vignes sont disposées en
quinconce, à 2 mètres en tous sens les unes
des autres; chaque tuteur supporte deux ceps.
Jusqu'à la sixième ou la septième année, on
ne laisse qu'un *brin* à la vigne; à partir de la
septième année, on en réserve deux; jamais
on n'en conserve plus de quatre, quand elle
a atteint son *maximum* de végétation. Suivant
la force du cep et la température de l'année,
on taille à six, huit, dix yeux; quand la
grêle a fait du tort aux vignes, lorsqu'elles
sont restées deux ou trois ans sans produire,

on taille de manière à avoir beaucoup de bois. L'opération de la taille s'effectue pendant l'hiver avec la serpette; c'est par exception que certains propriétaires ont adopté le sécateur, instrument très-simple, peu dispendieux, et à l'aide duquel on expédie promptement et fort économiquement la besogne. Les cultures se bornent à trois façons : déchausser les vignes, bêcher leur pied avec la pioche, et les rechausser avec la charrue. Les vignes sont ébourgeonnées et liées avec soin. L'époque de la vendange n'est pas fixée par des réglements; chacun vendange quand bon lui semble. En général, on n'égrappe pas la vigne. On foule la vendange dans des tonneaux, et on laisse cuver jusqu'à ce que la fermentation soit terminée; on ne soutire communément le vin qu'après que tous les travaux extérieurs de la vendange sont achevés. La plupart des cultivateurs conservent, disons mieux, laissent leur vin se détériorer dans des pièces au rez-de-chaussée; il en est quelques-uns, toutefois, qui ont fait construire des caves pour loger leur vin; il y acquiert de la qualité et se garde fort bien. On compte, en moyenne, sur un rendement de 8 à 10 hectolitres de vin par journal de 38 ares. On fume tous les trois ou quatre ans avec des terrages ou des curages de fossés.

Le prix moyen d'un journal de vignes est de 7 à 800 fr. les meilleurs crus se vendent 12 à 1,500 fr.

Les vignobles de Madiran sont les plus estimés du département, ils donnent un vin très-généreux, dont l'âge augmente beaucoup la qualité.

Dans le canton de Rabastens, les hautains sont des exceptions; les coteaux sont généralement plantés en vignes basses; ces dernières se retrouvent encore dans certaines parties de la plaine. Les vignes reçoivent des *piquets* en chêne ou en châtaignier à la deuxième année de leur plantation; on ne les terre que lorsque les eaux ont dégradé le sol. Les vignes sont plantées à 5o centimètres les unes des autres, par rangées espacées de 1 mètre 5o centimètres; elles reçoivent deux façons. On évalue leur rendement à 8 ou 1o hectolitres par journal de 25 ares 52 centiares.

Dans le canton de Galan, on plante généralement au fossé. Les vignes basses sont placées à 1 mètre dans les lignes; celles-ci sont à 2 mètres les unes des autres. Tantôt on ensemence l'intervalle qui sépare les lignes, tantôt on se borne à le travailler à la charrue. Le terrage se pratique de loin en loin. On déchausse et l'on rechausse la vigne dans le courant du mois de mai : entre ces deux opérations, on donne une culture, à la bêche,

au pied des vignes. Les vignes basses ne reçoivent pas d'échalas; elles produisent moins
que les hautains, mais elles exigent moins
de frais : on évalue leur rendement à 6 hectolitres. Les vignes hautes se plantent à 2
mètres 50 centimètres en tous sens; on les
fait courir sur un seul brin; elles produisent,
bon an, mal an, de 8 à 10 hectolitres.

A Pouyastruc, les vignes basses ont presque
partout remplacé les hautains.

Dans le canton de Tournay, on cultive des
vignes basses et des vignes hautes : les premières sont considérées comme plus avanta-
geuses par suite de l'économie de la main-
d'œuvre. Les vignes hautes ne sont pas toujours plantées à la même distance : les uns
les mettent à 2 mètres 50 centimètres en
tous sens, de manière à pouvoir tirer encore
parti du sol pour d'autres récoltes ; les autres

laissent un espace de 4 mètres entre les lignes, et placent les vignes à 2 mètres 50 centim. dans les rangées, et donnent deux cultures à la charrue et un bêchage, comme dans les autres cantons. On regarde comme un mauvais procédé ici de prendre une récolte sous les vignes. On taille à cinq ou six *cornes*, suivant la force du cep; parfois même on ajoute un morceau de bois placé perpendiculairement au-dessus de l'échalas, et on y attache quelques rameaux de la vigne; quand celle-ci est très-vigoureuse, on la fait courir sur des tiges de viorne. Les 25 ares 52 centiares de vignes hautes rendent, dans cette localité, 8 hectolitres évalués 100 francs en vin rouge, et 80 francs en vin blanc.

Les frais peuvent être établis ainsi qu'il suit :

Loyer du journal.................... 30^f 00^c

Contributions..................... 1 00

Labour 6 00

Bêchage. 1 00

Taille (huit journées à 1 fr. 25 cent.).... 10 00

Achat des liens. 3 00

Rameaux pour faire courir la vigne..... 1 25

Cueillette. 7 00

Foulage et mise en tonneaux.......... 3 00

____

62 25

____

Produits.........................100 00

____

Différence en bénéfice...... 42 00

____

(Le journal de vignes basses se vend 500 fr.)

Dans le canton de Castelnau-Magnoac, les vignes basses sont préférées aux vignes hautes, à cause des frais de main-d'œuvre. Les premières rendent, en moyenne, par journal, 3 barriques représentant une valeur de 75 à

90 francs. Les vignes hautes donnent facilement 4 barriques de vin, soit une rente de 100 à 120 fr. mais les frais considérables qu'elles entraînent mettent leur produit net au-dessous de celui des vignes basses.

Dans la plaine de Tarbes, on retrouve les deux modes de plantation. Sur les coteaux, ce sont les vignes basses que l'on préfère ; elles sont disposées par rangées de 2 mètres d'écartement, et espacées les unes des autres de 1 mètre dans les lignes. La plantation au pieu existe exclusivement ; on a renoncé aux fossés, parce que, tout en rendant les produits plus précoces, ils abrégeaient la durée de la vigne. En même temps qu'on place le plant dans son trou, on jette une poignée de cendres, afin de lui servir d'engrais. Ceux qui ont encore recours aux fossés fument avec du fumier court. Tant que la vigne est jeune, on lui donne trois façons : au printemps, on déchausse ; pour la deuxième façon, on se sert du *sarcloir ;* on rechausse à la troisième façon. La vigne est en rapport à la quatrième année ; à partir de ce moment, elle ne reçoit plus que deux façons par an, la première en mars, la seconde au commencement de juin. La taille a lieu depuis le mois de décembre jusqu'au commencement d'avril : janvier et février sont les deux principales époques pour cette opération. On laisse à chaque cep deux brins et deux yeux. Si la vigne est trop forte, on garde encore une courroie entre les deux brins : cette troisième branche, occupant la partie centrale du cep, a pour but de répartir également la sève entre les deux brins latéraux ; si elle occupait un des côtés, elle romprait l'équilibre au détriment du brin isolé.

Les *vergers* de la plaine offrent un mode particulier de culture. On fait grimper les vignes sur des cerisiers ou des érables, comme dans le canton de Vic. Les arbres sont élagués tous les ans, et on les étête dès qu'ils sont parvenus à une hauteur convenue; on détermine ensuite le nombre des branches qui doivent soutenir, chaque année, les bras de la vigne : ceux-ci se rejoignent d'un arbre à l'autre, en courant sur des tiges de viorne. Chaque arbre supporte deux ceps de vignes. La plantation présente l'aspect d'un quinconce. Les pieds de vignes sont à 2 mètres les uns des autres; on laisse huit ou dix yeux, suivant la force du cep. Les vendanges ont lieu du 1er au 20 octobre; on n'égrappe pas; on laisse le vin fermenter pendant un mois ou six semaines; on le transvase dans le mois d'avril ou de mai. Le rendement du journal varie : on récolte de 8 à 10 hectolitres dans les bonnes années.

PRAIRIES.

Les prairies forment une des principales richesses du département, mais là seulement où l'irrigation leur est appliquée. Les Hautes-Pyrénées, sous ce rapport, sont extrêmement favorisées par la nature : des sources abondantes, des eaux d'une limpidité remarquable et d'excellente qualité, descendent des montagnes et se répandent dans la plupart des cantons situés au pied de la chaîne des Pyrénées. Malheureusement ces avantages, par suite de l'absence d'une législation spéciale sur les cours d'eau, ne profitent qu'à un petit nombre de propriétaires, comparativement au grand nombre de cultivateurs auxquels ils pourraient s'étendre. Dans l'état actuel des choses, les riverains, sauf quelques localités exceptionnelles, détournent, selon leur bon plaisir, le volume d'eau qu'il leur plaît de s'arroger; tandis que leurs voisins, moins heureusement situés, ont à peine le filet d'eau nécessaire à leurs besoins. De cette jouissance anarchique, il résulte qu'une grande partie des terres qui pourraient recevoir le bienfait de l'irrigation en sont privées, et qu'une masse d'eau très-importante se perd par les vices d'un monopole dont rien ne justifie le maintien.

L'irrigation s'opère de plusieurs manières, suivant qu'elle a lieu dans la montagne ou dans la plaine. La première ne laisse rien à désirer. On n'attendrait pas mieux du plus habile géomètre pour saisir la pente du terrain, s'emparer des eaux, les diriger, tirer les niveaux et former des prairies étendues, malgré la difficulté du sol. Les eaux attirées avec précaution, le montagnard les conduit avec dextérité, au moyen de petits canaux qui sillonnent en tous sens la prairie. Le même filet

d'eau abreuve les possessions contiguës, éta-
gées les unes au-dessus des autres. Une ardoise placée de champ est la simple écluse
qui coupe à volonté son cours et le renvoie
dans des canaux voisins, où les mêmes moyens
suspendent sa marche et la dirigent de prairie
en prairie jusqu'au point le plus bas de la
pente qu'il doit fertiliser : c'est l'art dans toute
sa simplicité, mais c'est aussi l'expression la
plus complète de sa perfection.

Dans la plaine, l'arrosement s'effectue à
l'aide d'écluses placées à l'embouchure des
canaux; elles consistent en deux pelles en
bois encadrées dans un châssis à coulisse. Le
degré d'ouverture qu'on donne aux coulisses
détermine le volume d'eau qu'on veut répandre sur la prairie.

L'Adour et l'Échez sont les principales rivières qui servent aux irrigations de la plaine;

on en a dérivé plusieurs canaux dont deux, surtout, méritent d'être signalés. Celui d'*Alaric*, que la tradition fait remonter jusqu'au temps des Visigoths, parcourt le terrain situé sur la rive droite de l'Adour et s'étend depuis Pouzac jusqu'au delà de Rabastens, où il se perd dans l'Adour, après avoir traversé le ruisseau de l'Esteux. Son cours est de 108 kilomètres depuis la prise d'eau jusqu'à sa rentrée dans l'Adour, au-dessous de Maubourguet. Le canal de la *Gespe* unit l'Adour et l'Échez dans une direction oblique, sous un angle de 45 degrés environ. Ces deux canaux ainsi que les deux rivières dont ils sont formés, donnent naissance à une foule de canaux secondaires que chacun conduit et dirige sur sa propriété comme bon lui semble.

La culture des prairies, la force de l'irrigation et la fréquence des arrosements dépen-

dent de la saison; chaque localité, du reste,
a ses usages particuliers.

Dans le canton de Vic, les prés sont fumés
avec de la colombine, des cendres et des composts formés moitié de balles de grain et
moitié de terre. On en répand en mars ou en
avril 3 ou 4 mètres cubes par journal de 22
ares. L'application en est excellente surtout
pour les vieux prés. L'irrigation a lieu par
immersion; on arrose, été et hiver, et, autant
qu'on le peut, quand les eaux sont bour-
beuses. Elles séjournent pendant vingt-quatre
heures sur les prés; quand il fait chaud, on
arrose aussi souvent qu'on le peut, c'est-à-
dire autant que le voisin le plus rapproché de
la prise d'eau veut bien le permettre : l'usage
de l'eau n'est soumis à aucun règlement dans
cette localité. Les prés du canton de Vic se
distinguent par la qualité de l'herbe.

Parmi les plantes utiles on peut citer :

GRAMINÉES :

Le ray-grass (*lolium perenne*);

Le pâturin des prés (*poa pratensis*);

Le pâturin annuel (*poa annua*);

La houlque laineuse (*holcus lanatus*);

La crételle (*cynosurus cristatus*);

Le fléau des prés (*phleum pratense*);

La fétuque queue de rat (*festuca myuros*);

La phalaride fléole (*phalaris phleoides*);

La flouve odorante (*anthoxanthum odoratum*).

PLANTAGINÉES :

Le plantain moyen (*plantago media*).

LÉGUMINEUSES :

Le trèfle des prés (*trifolium pratense*);

Le trèfle blanc (*trifolium repens*);

Le trèfle de Paris (*trifolium parisiense*);

Le lotier corniculé (*lotus corniculatus*);

La lupuline (*medicago lupulina*);

SYNANTHÉRÉES :

Le laiteron (*sonchus arvensis*).

Les plantes inutiles ou mauvaises, sont les suivantes :

La lychnide, fleur de coucou (*lychnis flos cuculi*);
Le lin commun (*linum usitatissimum*);
Le chrysanthème leucanthème (*chrysanthemum leucanthemum*);
La renoncule âcre (*ranunculus acris*);
La renoncule bulbeuse (*ranunculus bulbosus*);
Le rumex crépu (*rumex crispus*);
Le rumex-patience (*rumex patientia*);
Le rumex des bois (*rumex nemolapalhum*);
La centaurée noire (*centaurea nigra*);
La paquerette vivace (*bellis perennis*);
L'orchis à fleurs lâches (*orchis laxiflora*);
La crête de coq (*rhinanthus glabra*).

La première année de l'ensemencement, le trèfle des prés s'empare de la totalité du terrain ; il s'éclaircit à la seconde année et laisse apercevoir le trèfle de Paris et le trèfle blanc ; viennent ensuite le ray-grass et la flouve odorante ; ces plantes dominent dans les bonnes prairies.

La première coupe se fauche à la Saint-Jean. Dès que l'herbe est coupée on l'éparpille avec des fourches, on la retourne à diverses reprises dans la journée ; le soir même du fauchage on la réunit en tas ; le lendemain, s'il fait beau, on rentre le foin non bottelé. La plupart des propriétaires conservent le foin dans des greniers, mais sans l'entasser ; il se dessèche, perd une partie de son arôme, s'altère à la poussière et se garde moins longtemps. La recommandation de tasser le foin dans le fenil est un excellent moyen de conserver au foin toutes ses qualités. Personne, dans le département n'est dans l'usage de le botteler. Les prairies irriguées fournissent deux coupes et un regain à pâturer ; la première coupe rend de 12 à 13 kilogrammes par journal de 22 ares ; la seconde ne produit que moitié de cette quantité. Le quintal (52 kilog.) vaut ordinairement 2 fr. le journal de pré de bonne qualité se paye 5oo francs.

Dans le canton de Vic, on a l'excellente habitude de retourner les prés, après un certain nombre d'années, pour les convertir en terres arables *et vice versa;* sur un gazon on prend, en général, quatre récoltes successives de grains fort abondantes, puis on sème de la fleur de foin.

Dans le canton de Castelnau, les prés sont fumés tous les trois ou quatre ans avec des terrages. On n'arrose qu'à la fin de l'hiver, ou lorsqu'il survient un orage. On ne fauche qu'une fois, la seconde herbe est pâturée sur place. Les bestiaux restent dans les prés depuis l'enlèvement de la récolte jusqu'au premier mars, époque beaucoup trop tardive, et qui nuit considérablement au sol, surtout quand l'hiver est pluvieux.

Dans le canton de Rabastens, on terre les prés chaque année ou tous les deux ans, dans les mois de février ou de mars, aussi-tôt que le sol peut supporter les voitures ; lorsqu'on leur applique du fumier, on conduit l'engrais au moment où l'herbe commence à pousser. On fume encore les prés avec des débris de cour, des balles de grains, des tiges de maïs décomposées ainsi qu'avec des cu-rures de fossés.

A Galan, les prés sont très-peu fumées, on les terre seulement de loin en loin ; un jour-nal de 25 ares 52 centiares, rend 1000 à 1200 kilog. de foin. Les prés de cette loca-lité et ceux du canton de Rabastens ne sont pas arrosés. Il en est de même des prés des cantons de Castelnau-Magnoac et de Tournay; on ne les fauche qu'une fois; le regain est pâturé. Ils rendent environ 1100 kil. de foin par 25 ares.

Dans la plaine de Tarbes et notamment aux environs de Bagnères, on arrose généralement par immersion; chez quelques propriétaires, l'irrigation a lieu par infiltration et par reprise d'eau. Les localités sujettes à l'humidité n'arrosent pas l'hiver; les irrigations commencent alors depuis la fin de mars jusqu'à la fin d'avril; on préfère à toutes autres les eaux très-pures; s'il survient un orage pendant le temps de l'irrigation, on ferme les prises d'eau et on ouvre les vannes de décharge; cette opération a pour but d'empêcher que les eaux descendant des montagnes n'ensablent les prés; dans les parties de la plaine éloignées des hauteurs, on suit une méthode toute contraire, les temps d'orage sont réputés les meilleurs pour l'irrigation, mais les eaux ne charrient que du limon et n'entraînent pas de gravier comme au voisinage des montagnes. La première coupe se fauche en juin ; elle rend de 16 à 1,800 kilogrammes de foin par 22 ares. Immédiatement après l'enlèvement des meules, on introduit l'eau dans les prés ; celle qui est limpide et courante est la meilleure, elle n'y séjourne que pendant quarante-huit heures ; l'herbe souffrirait si elle restait plus longtemps sous l'eau par un temps chaud ; on arrose ensuite de dix jours en dix jours ; la seconde coupe ne rend guère que moitié de la première coupe ; le regain sert de pâture au bétail. Les prairies sèches sur lesquelles on ne peut amener l'eau, donnent une seule coupe et un pâturage très-maigre. Certaines prairies près de Bagnères sont infestées de laîches, de glayeuls et de renoncules ; ces mauvaises plantes indiquent que les prairies souffrent d'un excès d'humidité et surtout de la stagnation des eaux; des saignées, des fossés d'écoulement et le nivellement du terrain obvieraient à ces inconvénients.

Dans la vallée de Campan, on arrose depuis la fin d'octobre jusqu'à la fin de février; lorsque la température est douce, dans le mois de mars, on continue de faire venir l'eau sur les prairies; on les tient très-sèches, au contraire, lorsqu'il fait froid, car les gelées font beaucoup de tort aux prairies qu'elles surprennent couvertes d'eau. Après la première coupe, on arrose le plus souvent que l'on peut. A Sainte-Marie, dans la partie supérieure de la vallée de Campan, des règlements déterminent les jours où chacun doit se servir de l'eau ainsi que le volume dont il peut disposer pour irriguer ses prés. On fume dans le mois de décembre. La première coupe, dans la vallée, rend 1,800 kilogr. par journal de 22 ares 35 centiares. La seconde coupe

produit 1,000 kilogr. environ; le regain est
pâturé. Sur les hauteurs, la première coupe
ne produit pas plus de 1,200 kilogr. mais
le foin est de première qualité et il a plus de
poids; celui de Peyras, notamment, est très-
renommé, c'est pourquoi l'on dit ici prover-
bialement qu'il ne faut pas élever dans la vallée les animaux provenant de Peyras, sous
peine de voir tous ses soins perdus et l'animal dépérir.

C'est dans la vallée de Campan qu'on trouve
cet exemple si remarquable des prés convertis en terres arables, après un certain nombre
d'années d'herbage. A la cinquième année,
on rompt la prairie, on l'écobue, puis on
sème un blé sans fumure; sur l'éteule de la
céréale, on prend un second blé, mais fumé;
vient ensuite une récolte de maïs ou de pommes de terre fumés; la rotation se termine
par un seigle fumé dans lequel on sème de

la fleur de foin, au moment où l'on sarcle la céréale. On conçoit que, traité de la sorte, le sol s'enherbe facilement; c'est, à notre avis, l'assolement le plus judicieux qu'on puisse adopter dans les localités où l'on dispose d'un cours d'eau pour l'irrigation.

Dans la vallée d'Aure, le foin est épandu aussitôt après qu'il a été coupé; si le temps est beau, on laisse l'herbe telle que la faux l'a couchée sur le sol, on la retourne quand le soleil l'a un peu fanée; si l'on craint le mauvais temps, on met la récolte en petits tas; ceux-ci restent amoncelés pendant vingt-quatre heures, on étend de nouveau le foin; le lendemain de cette opération, on le lie avec des liens de noisetier, et, de là, on le porte au grenier; les liens sont alors défaits et le foin reste étendu dans le fenil sans y subir aucune pression. On fume les prés tous les ans; l'arrosage précède la fumure; on ne remet l'eau dans les près que lorsque la pluie, la neige, ont fait entrer dans le sol la plus grande partie de l'engrais.

Dans la vallée de Louron, on ne met pas l'eau pendant l'hiver, lorsque les prés sont fumés; l'irrigation n'a lieu que huit ou dix jours avant de faucher; on trouve que, de cette manière, le regain pousse avec une grande vigueur; les prés qui ne sont pas fumés sont arrosés pendant tout l'hiver; on cesse d'arroser vers la fin de mars. On obtient deux et trois coupes. L'hectare rend, en moyenne, de 7 à 8,000 kilogr. de foin. Les bestiaux sont mis sur les prés après l'enlèvement du regain; ils y restent jusqu'aux neiges (1er décembre). Les espèces botaniques qui composent le fond de cette vallée sont les suivantes : *poa pratensis, alopecurus agrestis, geniculatus, cristatus; phleum pratense, avena elatior, dactylis glomerata, lolium pe-*

renne, trifolium pratense, parisiense, repens campestre; lotus corniculatus, vicia cracca, astrantia major.

Quelques prés, dans cette localité, sont plantés, sur les bordures, de cerisiers; le milieu du champ est occupé par des pommiers et des poiriers; l'herbe qui naît sous ces arbres est naturellement de qualité inférieure, mais ici les arbres fruitiers constituent le principal produit; en un mot, ces terrains doivent être considérés plutôt comme des vergers que comme des prairies.

Les prés du canton de Lourdes sont fumés tous les ans, on leur applique 1 mètre cube d'engrais par journal de 18 ares 76 centiares. La première coupe se fauche à la Saint-Jean; la deuxième en septembre; elles rendent ensemble de 15 à 1600 kilogr. par journal. Très-peu de prés sont arrosés, dans cette localité ; lorsqu'on peut irriguer, on met les eaux en février et en mars, et après la première coupe.

DÉPENSES ET PRODUITS.

Loyer du sol........................ 30^f 00^c

Contributions...................... 1 75

Fumure............................ 12 00

Fauchage.......................... 3 00

Fanage............................ 3 00

Transport de la récolte............. 2 00

51 75

PRODUITS.

1600 kilogrammes de foin, à 2 francs les 50 kilogrammes................... 64^f 00^c

Différence en bénéfice...... 13 25

Dans le canton de Lannemezan, les prés arrosés ne sont jamais défrichés ; ceux qu'on ne peut soumettre à l'irrigation sont retournés tous les dix ou douze ans; sur le gazon, on sème du blé, du seigle ou du lin d'hiver.

Les prairies, dans le reste du département, n'offrent rien de particulier, il faut en excepter toutefois celles des hautes montagnes. Il en est quelques-unes, comme la riche praïrie du Coumélie, qui se fauchent une fois en juillet; le regain sert de pâturage aux bêtes à laine; des bergers espagnols viennent, chaque année, les louer pour les trois mois de juillet, août et septembre; le prix de location est débattu de gré à gré, il forme une partie du revenu de la commune sur le territoire de laquelle le pâturage se trouve situé.

Les troupeaux espagnols qui viennent pacager dans la vallée d'Ossoue et dans celle d'Estaubé, et ceux de l'arrondissement d'Argelès, qui se rendent en juillet dans les vallées d'Estaubé et de Héas, payent 4o centimes par tête de bête à laine pour droit de pacage.

BÉTAIL.

Les animaux qu'on élève ou qu'on entretient sur les exploitations rurales du département, sont : les chevaux, les mules, les bêtes à cornes, les bêtes à laine et les porcs.

CHEVAUX.

Les chevaux des Hautes-Pyrénées ont beaucoup de sang, aussi ne les emploie-t-on pas aux travaux de la culture. Les propriétaires seuls se livrent à l'élevage ; ils tirent du haras de Tarbes les étalons arabes dont ils se servent pour faire couvrir les juments ; mais la grande industrie du pays consiste à faire saillir les juments par des baudets, pour avoir des mules.

L'élevage des chevaux a lieu de la manière suivante dans la plaine de Tarbes : les juments destinées aux étalons du haras ne travaillent pas sérieusement; on les tient en liberté dans des *boxes;* elles vont au pacage, une fois chaque jour pendant l'hiver, et deux fois en été; l'hiver elles partent à neuf ou dix heures, et rentrent à quatre heures du soir; l'été, elles vont pacager à quatre heures du matin jusqu'à dix, et repartent à trois heures et demie, quatre heures du soir, pour ne rentrer qu'à la nuit; elles font deux repas par jour à l'écurie : le matin avant de partir, et le soir en rentrant. La nourriture consiste exclusivement en paille et en foin; on ne donne de l'avoine et de l'orge qu'aux chevaux de course. La jument est conduite à l'étalon vers l'âge de trois ans; le poulain tette pendant sept ou huit mois; à deux mois, on commence à lui donner du son; à trois, il reçoit du regain; à six mois, il mange un peu d'avoine, à huit, on lui en donne un litre par jour; on le sèvre, en général, à sept mois. A partir de cette époque jusqu'à ce qu'il ait atteint l'âge d'un an, on ajoute un peu de son à sa nourriture; s'il est destiné aux courses, on le nourrit avec de l'avoine; dans le cas contraire, il vit de foin et d'herbe prise dans les pacages.

Dans le canton de Vic, le poulain tette pendant un an; on le châtre à deux ans; on le nourrit avec du foin, de la paille, du farouch et on l'envoie au pacage; il ne reçoit pas d'avoine. Le cheval fait prend trois repas : le matin à cinq heures, à midi, et le soir vers sept ou huit heures. Le poulain, à trois ans, vaut 400 francs.

Dans les cantons de Rabastens et de Tournay, on élève très-peu de poulains; les juments sont livrées, en général, au baudet.

Dans la montagne, la jument est conduite
à l'étalon à l'âge de trois ans. Le poulain tette
pendant huit mois; au 1ᵉʳ mai, il se rend avec
sa mère dans les pâturages de la montagne, et
là il vit exposé à toutes les intempéries de
l'atmosphère, sans abri, sans gardiens; de
temps en temps on porte un peu de sel aux
animaux afin qu'ils ne deviennent pas trop
sauvages; ils descendent dans la vallée à l'é-
poque des premiers froids. Quand la campagne est finie, chaque propriétaire se munit
d'un licol, monte au pâturage et en ramène
sa bête. Le poulain, après le sevrage, est
nourri avec du regain et de l'herbe qu'il
trouve en accompagnant sa mère dans les
champs ou les communaux; on le vend, en
général, à dix-huit mois ou deux ans, pour le

prix de 100 à 150 fr. quand on le garde
plus longtemps, c'est qu'il est de mauvaise
défaite.

A Lourdes, les juments poulinières vont
estiver dans la vallée d'Estaubé et sur la montagne de Nabit (vallée de Gazos); le propriétaire paie 2 à 3 francs par tête de jument.

Dans le canton de La-Barthe, la jument est
saillie à deux ou trois ans; le poulain tette
pendant six mois, on lui donne un peu d'a-
voine à l'époque du sevrage; il est châtré à
un an; on commence à le faire travailler à
trois ans; à cet âge, il vaut 250 à 300 francs.

Dans le canton de Bagnères, l'étalon commence à servir à quatre ans, la jument porte
à trois ans; le poulain est sevré à l'âge de huit
mois; à compter du troisième mois, il reçoit
1 litre d'avoine par jour, et 3 à quatre ki-

logrammes de regain; on le coupe à deux ans.

MULES ET MULETS.

Le département fait un grand commerce de mules avec l'Espagne, aussi l'administration n'a-t-elle pas à se préoccuper d'un genre de spéculation qui trouve un encouragement suffisant dans les profits qu'elle procure aux éleveurs, et qui, du reste, ne réclame d'autre amélioration importante, que celle de baudets-étalons d'une bonne qualité; la plupart de ceux qu'on emploie pour couvrir les juments laissent beaucoup à désirer sous le rapport de leur vigueur et de la perfection des formes : quelques baudets, tirés du Poitou, donneraient en peu de temps une nouvelle activité à cette branche lucrative d'industrie; elle fait, naturellement, une concurrence redoutable à l'élevage du cheval dans les Hautes-Pyrénées.

Dans la plupart des cantons de l'arrondissement de Tarbes, les juments destinées au baudet sont saillies à l'âge de quatre ans. On élève le mulet jusqu'à six mois ; il tette sa mère pendant quatre mois ; les deux derniers mois qui précèdent sa vente, on lui donne un peu de regain, du grain, du maïs et du son ; la châtaigne est considérée comme une excellente nourriture pour les jeunes animaux. Une mule, à l'âge de six mois, se vend 3oo francs, le mulet du même âge, ne se paye que 18o francs.

Dans le canton d'Argelès, les juments sont livrées au baudet à l'âge de quatre ou cinq ans.

A Lourdes, elles sont saillies à trois ans ; le mulet tette jusqu'a six ou huit mois ; on lui donne un peu de foin et il va au pacage avec sa mère ; on le vend à huit ou dix mois.

Les mules à cet âge valent 150 francs; les mulets ne se payent pas plus de 100 francs.

Dans le canton de La-Barthe, on trouve que les vieilles juments prennent mieux le baudet que les jeunes; elles donnent ainsi un grand profit, par la raison qu'une vieille jument qui ne vaut pas 50 francs, en toute autre circonstance, acquiert une valeur de 150 francs, au moins, lorsqu'elle est sur le point de mettre bas. L'étalon commence à servir à trois, quatre et cinq ans; le jeune animal tette pendant six mois, après ce temps il est vendu. Une mule de six mois se paye 250 à 300 francs, un mulet du même âge, 150 francs, et 200 francs s'il est très-beau.

Les mules provenant du canton de Bagnè-res, sont très-prisées, par suite de l'attention que mettent les propriétaires à n'employer à la reproduction que des juments de forte

taille, bien constituées et bien soignées. Ils les
font saillir à l'âge de trois ans, par des baudets espagnols âgés de quatre ans, qu'on se
procure à Saint-Girons. Le petit tette jusqu'à
six mois; pendant l'allaitement, la jument
pacage et reçoit du foin à l'écurie; l'élève, à
compter du troisième mois, consomme un
litre d'avoine ou d'orge par jour et 4 kilogrammes de regain.

Dans la vallée de Louron on fait également
couvrir les juments par des baudets tirés de
l'Espagne. Les jeunes animaux tettent jusqu'à
six mois; on les vend à sept; on leur donne
un peu de foin, de regain et une poignée
d'orge. Beaucoup de propriétaires, dans cette
localité, achètent des mules à six mois pour
les revendre à l'âge d'un an.

Dans la vallée d'Arreau, les mules viennent
du Gers; on les achète à six mois, en no-

vembre, et on les revend à la foire du 11 juin. En général, on les nourrit avec du foin, quelques-uns y ajoutent de l'orge et du son. Les mules consomment par jour 8 ou 10 kilogrammes de foin en trois repas; certains propriétaires leur donnent, en outre, un peu de fèves et de maïs en grains.

BÊTES À CORNES.

Il existe trois races de bêtes à cornes dans le département des Hautes-Pyrénées : 1° la race agenaise, remarquable par sa taille élevée, son poil pâle et son aptitude à prendre graisse, mais d'une médiocre valeur comme bête de travail : elle se rencontre particulièrement à l'ouest du département et dans quelques localités de l'arrondissement de Bagnères ; 2° la race gasconne, bêtes de moyenne taille, à poil couleur de blaireau, excellentes pour les travaux de la culture, mais d'un engraissement difficile : on la voit répandue au nord de l'arrondissement de Tarbes et dans certains cantons de l'arrondissement de Bagnères ; 3° la race du Béarn, très-commune dans la montagne, les vallées et les coteaux situés au pied des Pyrénées. Cette dernière race se distingue à sa couleur de brique foncée ; ses formes sont régulières ; elle a la taille moyenne, les cornes bien plantées, les trayons courts, mais le pis bien développé ; le bassin est assez large, les cuisses sont bien étoffées, le fanon est pendant, la queue est relevée à sa naissance, l'œil est doux, les jambes sont bonnes, la charpente osseuse est bien proportionnée ; enfin la constitution de l'animal est excellente.

Le mode d'élevage et d'entretien, ainsi que les heures de travail exigées des animaux, varient suivant les localités.

22.

Dans les cantons de Maubourguet et de Castelnau-Rivière-Basse, le taureau commence à saillir à un an, et sert jusqu'à huit ou dix ans; il vit au milieu des vaches. Celles-ci portent à un an. Le veau tette pendant huit mois; il est châtré à dix-huit mois. Les vaches ne sont traites que par exception. Pendant les premiers jours du part, on leur donne du regain; elles vont ensuite pâturer le long des chemins; à l'étable, elles ne reçoivent que la nourriture de rebut; les bœufs ont le meilleur. Ceux-ci commencent à travailler à trois ans : ils partent à sept heures du matin, rentrent à midi et repartent vers trois heures du soir jusqu'à la nuit. Quand il n'y a pas de foin en réserve à la métairie, on les envoie chercher leur nourriture dans les pacages; on les panse le matin et à midi; le soir, en rentrant des champs, ils trouvent, dans les exploitations bien conduites, une litière fraîche, du foin, ou du regain et de la

paille. Les vaches travaillent de même que
les bœufs dans ces deux cantons. L'engraissement se borne à mettre les bœufs en chair,
à l'aide de foin et d'un hectolitre de seigle
et de maïs non cuit : c'est dans cet état qu'on
les vend au boucher. Une paire de bœufs de
trois ans vaut de 3 à 400 francs à Castelnau ;
les bœufs de cinq à dix ans se payent de 5 à
600 francs ; les vaches de trois ans coûtent
250 à 300 francs ; le veau, à l'âge de cinq
mois, se vend sur le pied de 70 à 80 francs.
Ces deux cantons tirent leurs bêtes bovines
de Lourdes, d'Argelès, de la vallée d'Ossau ;
quelques-uns les font aussi venir du pays
basque, notamment de Saint-Jean-Pied-de-
Port et de Saint-Palais.

Dans le canton de Tournaÿ, les bêtes à
cornes pacagent, pendant toute la belle saison, le long des fossés ; l'hiver, on les nourrit
à l'étable avec de la paille et du foin, et par-

fois aussi avec du regain. Le taureau commence à servir à deux ans ; la vache est saillie
à dix-huit mois, on la fait travailler dès l'âge
d'un an, ainsi que les bœufs. Le veau d'élève
tette pendant six mois. Le petit nombre de
propriétaires qui font des veaux d'engrais les
laissent teter pendant huit mois ; on les vend
alors de 80 à 100 francs. Les bœufs, à cinq
ans, valent 4 à 500 francs la paire.

Dans les cantons de Trie et de Castelnau,
on se sert généralement de bêtes de la Gas-
cogne (race du Gers). Leur nourriture d'hiver, à l'étable, consiste en paille, foin et regain ; on les laisse pâturer aussi longtemps
qu'on le peut ; ils entrent dans les prés aussitôt après la fauchaison, et y restent jusqu'au commencement de février. Le taureau commence à saillir à un an ; la vache
porte à deux ans. Le veau de boucherie tette
pendant deux mois seulement, et se vend

alors de 25 à 30 francs; le veau d'élève tette pendant six ou huit mois. Les bœufs commencent à travailler à trois ans.

Dans la plaine de Tarbes, le taureau sert à un an, la vache porte à deux ans; elle ne cesse de travailler qu'un mois avant le part. Après la mise bas, on la tient à l'étable pendant plusieurs jours, et on lui donne de l'eau blanche servie tiède, et du foin; elle va ensuite pacager. Le foin est donné à discrétion aux animaux; ils font trois repas. Le veau d'élève tette pendant six à sept mois; au troisième mois, il reçoit du regain, puis du foin : celui d'engrais tette pendant six mois, on achève l'engraissement avec de la farine de maïs, du maïs en grains, des pommes de terre et du regain. Les animaux adultes commencent à travailler à l'âge de deux ans et demi. L'hiver, ils partent à sept heures pour les champs, et reviennent le soir à cinq heu-

res, après s'être reposés pendant une heure,
à midi, pour manger ; l'été, ils vont aux
champs à trois heures et demie du matin
jusqu'à dix, et repartent ensuite à quatre
heures du soir jusqu'à la nuit tombante. Les
bœufs à l'engrais sont nourris avec du regain,
de la farine ou du grain de maïs, du son et
des pommes de terre crues.

Du côté d'Ibos, les bœufs commencent à
labourer à trois ans. Le veau d'engrais tette
pendant six mois ; mais, avant de le vendre,
on lui donne du son, du maïs et du regain :
à la fin de l'engraissement, il vaut de 80 à
100 fr. Quand on garde les veaux comme
élèves, on les laisse teter pendant un an ; l'hiver,
ils vont au pacage ; si le temps est trop mauvais pour qu'on puisse les faire sortir, on leur
donne, à l'étable, du foin de regain et des
feuilles de maïs ; l'été, ils n'ont aucune nourriture à l'étable ; on les envoie sur les landes

communales, et ils y restent, nuit et jour,
pendant toute la belle saison.

Dans le canton d'Argelès, le taureau ne
sert que depuis un an jusqu'à trois; la vache
est saillie à deux ans. Les taureaux ne suivent
pas les vaches à la montagne; chaque village
en possède deux ou trois qui font le service
de la commune. Le veau tette pendant quatre,
cinq et six mois; ordinairement on le sèvre
à quatre mois; il est bistourné à un an.
Quelques-uns gardent le taurillon sans le
faire châtrer, et le font légèrement travailler
à la fin de la première année. Le veau, à cinq
mois, se vend de 50 à 60 francs. Les vaches,
aux approches de l'été, se rendent à la montagne, comme les chevaux; mais, avec cette
différence, qu'on leur donne un gardien. On
ne conserve, dans la vallée, que le nombre
de bêtes absolument nécessaire pour les travaux de la culture. Les vaches payent un

droit de 5o à 6o centimes (*baccade*) pour toute la saison du pacage dans la montagne. Pendant l'hiver, les animaux restent toute la journée dans les prés, occupés à pacager; on ne les tient à l'étable que lorsque la terre est couverte de neige; le soir, quand ils rentrent, on leur donne une ration de paille et de regain; ils reçoivent le même genre de nourriture le matin avant de quitter l'étable.

Dans le canton de Lourdes, la race se distingue par son poil roux-jaunâtre. Les bêtes ont assez de taille; leurs jambes sont fortes, la tête est d'une grosseur moyenne et bien cornée, les yeux sont doux, le fanon est très-pendant, le corps très-développé, la queue bien attachée, le bassin très-large; les mamelles ont beaucoup d'ampleur. Le taureau commence son service à quinze ou dix-huit mois; la vache porte à deux ans; le veau tette

pendant six ou huit mois. Le veau d'engrais
est vendu à deux mois; à cinq mois, il se
paye de 60 à 70 francs. Les bêtes à cornes
de cette localité ne quittent pas le pays; depuis le 15 mai jusqu'au mois d'août, elles
vivent sur les communaux et rentrent chaque
soir à l'étable; à partir du mois d'août, elles
restent dans la plaine. On leur livre d'abord
les chaumes, puis on les envoie sur les prés
jusqu'à Noël; elles vont ensuite pâturer le
farouch quand le temps est beau. Lorsque la
saison ne permet pas de les faire sortir, on
les nourrit, à l'étable, avec du foin et du
regain : chaque animal consomme alors 12 kilogrammes par jour, ainsi qu'une ration
de paille. Les bœufs et les vaches commencent à herser et à labourer à l'âge de
dix-huit à vingt mois; ils ne font de charrois
qu'à partir de trois ans. Alors la paire de
bœufs vaut 300 francs; la vache, à deux ans,
se paye 120 francs. On les garde jusqu'à dix

ou douze ans comme bêtes de travail; après ce temps, les bœufs sont engraissés avec du regain et du maïs cru. L'engraissement dure quatre mois; le bœuf se vend de 3 à 400 fr. au boucher.

A Saint-Pé, le taureau commence à saillir à un an; au bout de sept ou huit mois de service, on le bistourne; à deux ans, on le fait travailler légèrement. La vache met bas à trois ans. Le veau d'engrais tette pendant cinq mois; à deux mois, on lui donne de la farine de maïs, des pommes de terre et du pain. Le boucher, à cinq mois, le paye 70 fr. Le veau d'élève tette pendant un an; il accompagne sa mère à la montagne. Les bêtes à cornes du canton s'y rendent vers le 15 de mai, quand la neige a disparu; elles en descendent à la Saint-Michel. L'hiver, on les envoie pacager jusqu'à Noël; à partir de cette époque, on les tient à l'étable, jusqu'au moment où elles partent pour la montagne. Leur nourriture consiste en paille, foin et regain. On n'engraisse pas dans le pays ; quand les bœufs ont atteint six ans, on les vend, sur le pied de 400 francs, à des gens qui les font travailler pendant six mois et les engraissent ensuite. Les belles vaches de quatre et six ans se vendent de 150 à 200 fr.

Dans le canton de Bagnères, le taureau commence à servir à dix ou douze mois ; la vache porte à dix-huit mois ou deux ans ; on la ménage quand elle est sur le point de vêler. Dans les premiers jours de la mise-bas, on lui donne de l'eau blanche et du foin. Le veau à l'engrais boit le lait de sa mère, et reçoit, en outre, de la farine de maïs, du foin, des pommes de terre cuites et du regain : cette nourriture solide lui est servie depuis l'âge de deux mois et demi ; à six mois, il pèse 50 à 60 kilogrammes. Dans la mon-

tagne, les veaux d'élève tettent leurs mères
pendant toute la saison d'été, et vivent aussi
du pacage ; on les bistourne à trois mois ;
l'hiver, ils sont nourris comme les animaux
adultes. Ceux-ci font trois repas l'hiver : le
premier, à six heures du matin ; le second,
de midi à deux heures ; le troisième, entre
quatre et cinq heures du soir ; ils sont nourris avec du foin et de la paille. Chaque bœuf
consomme par jour 12 kilogrammes de foin ;
la vache, de 9 à 10 kilogrammes. Les bœufs
de travail sont tenus toute l'année à l'é-
table ; les vaches et les jeunes bœufs vont
pacager.

Dans le canton de La-Barthe, le taureau
sert à un an, et même à dix mois ; la vache
est saillie à deux ans. Le veau d'engrais tette
pendant trois mois ; vers le quinzième ou le
vingtième jour de sa naissance, on lui donne
de l'eau et de la farine de maïs. Les veaux

d'élève tettent pendant trois mois et demi ou quatre mois; on les châtre à un an. Ils pacagent dans les communaux depuis le 1er juin jusqu'à Noël; à partir de cette époque, on les nourrit, à l'étable, avec de la paille de millet, du foin, du regain et de la paille d'avoine. Les bœufs et les vaches travaillent depuis deux jusqu'à dix et douze ans. La vache, à cet âge, se vend de 100 à 120 francs. Le bœuf pour engrais coûte 300 francs; l'engraissement dure deux mois, pendant lesquels l'animal consomme 1000 kilogrammes de foin, estimés 36 francs; 75 kilogrammes de tourteaux de lin, du prix de 20 francs; 4 hectolitres de pommes de terre, à 1 franc 50 centimes l'hectolitre : on le vend de 400 à 450 francs à la fin de l'engraissement.

Dans la vallée de Louron, le taureau sert à deux ans jusqu'à cinq; les vaches sont saillies à trois ans; pendant les huit jours qui suivent le vêlage, on leur donne du foin et des eaux blanches. Le veau d'engrais tette pendant quatre, cniq et six mois ; le veau d'élève tette pendant huit mois ; à partir du troisièmemois, on lui donne du regain jusqu'au huitième mois ; après ce temps, vaches et veaux se rendent dans la haute montagne, à Clarabide ; ils y pacagent jusqu'au 1ᵉʳ septembre, sans gardien. Les taurillons sont bistournés à deux ans. Dans cette localité, on fait travailler les bêtes à cornes à l'âge de trois ans.

L'amélioration de la race bovine dans les Pyrénées réclame toute l'attention des propriétaires. Depuis plusieurs années, on s'en occupe avec plus de soin, et des progrès réels ont eu lieu sur divers points du département. Néanmoins, il reste beaucoup à faire sous ce rapport : avant de songer à l'importation de nouvelles races dans le pays, il faudrait d'abord perfectionner celle qui lui est indigène. Dans l'état actuel des choses, les taureaux s'épuisent par un trop grand nombre de saillies ; les vaches portent trop tôt. La nourriture à l'étable, au moins pendant l'hiver, devrait être généralement adoptée. La nourriture des animaux, pendant la morte saison, est trop exclusivement sèche ; on devrait y joindre des pommes de terre, des betteraves. Une fois ces perfectionnements adoptés, on pourrait songer à importer dans le département quelques bons taureaux gascons, agenais ou suisses, suivant les localités.

Tous les travaux de la culture et les charrois, dans les Hautes-Pyrénées, sont exécutés exclusivement par les bêtes à cornes et les mules.

BÊTES À LAINE.

On distingue trois races de bêtes à laine dans les Hautes-Pyrénées, savoir : 1º la race commune, très-petite, d'une complexion très-robuste, pesant, le mouton 8 kilogrammes, la brebis 4 à 5 kilogrammes, à toison noire, donnant un kilogramme de laine : c'est l'espèce répandue à l'ouest de Tarbes et sur les landes du département ; 2º la race des vallées et des montagnes, de taille moyenne, à laine longue et demi-fine ; 3º la race métisse provenant du croisement avec les mérinos : celle-ci domine chez tous les propriétaires aisés. Le mode d'élevage et d'entretien varie suivant les localités.

Dans les cantons de Vic, Maubourguet et Castelnau-Rivière-Basse, on ne trouve que la race commune ; elle est tellement chétive,

que son extinction serait un bien pour le
pays. Le bélier commence la lutte à un an ;
il sert 200 bêtes. La brebis porte à deux ans.
Pendant l'été, les troupeaux se rendent généralement à la montagne. Sous prétexte de
pâturer le long des chemins, ils envahissent
les propriétés, et causent beaucoup de dégâts
pendant la nuit. La nourriture d'hiver est composée de paille et de pâturage. Les agneaux
viennent à Noël ; ils tettent pendant six ou
huit mois. La tonte a lieu en mai, et produit
1 kilogramme de laine par toison. Le mouton
en bon état, c'est-à-dire pesant 7 à 8 kilog.
se paye 10 francs ; la brebis, avec son agneau,
vaut 5 francs.

En général, on ne tient pas de troupeaux
de bêtes à laine dans le canton de Rabastens ;
l'industrie des spéculateurs du pays consiste
à acheter, en mars, un lot de moutons qu'ils
font vivre, tel quel, aux dépens des proprié-

tés; ils les revendent au bout de quelques mois de nourriture.

Au sud de Tarbes, on achète, en juillet, des moutons pour l'engrais; ils pacagent dans les champs récoltés; on les envoie au pâturage, et on les pousse ensuite avec du son et du regain.

Du côté d'Ibos et d'Ossun, les bêtes sont demi-fines. Le bélier commence la lutte à deux ans; on en compte un pour 60 ou 80 brebis. L'agneau tette pendant six mois environ; il est naturellement sevré quand les brebis partent, en juin, pour la montagne. La tonte n'a lieu qu'en août, lorsque les troupeaux estivent dans la montagne; elle se fait en mai sur les animaux restés dans le pays. Le mouton donne environ 3 kilogrammes de laine; la brebis, de 1 kilog. 500 grammes à 2 kilog. L'hiver, les bêtes vont pacager sur les landes communales ; lorsqu'il fait trop mauvais temps pour qu'elles puissent sortir, on leur donne de la paille et très-peu de foin à la bergerie. On les engraisse avec du foin et du regain.

Dans le canton d'Argelès, le bélier sert à un an ; les brebis portent à dix-huit mois. Les troupeaux sont ordinairement de 120 à 150 têtes ; ils partent, au mois de mai, réunis par bandes de 5 à 600, sous la conduite d'un berger et d'un chien, et se rendent dans les montagnes d'Aucun, de Saint-Savin et de Cauteretz. Le droit de pacage se paye 25 c. par tête. Les agneaux naissent à deux époques, en février et en avril ; ils tettent jusqu'au retour de la montagne, où ils accompagnent leurs mères. Ceux qui viennent plus tard se nomment *tardas*, et restent dans les villages. La tonte a lieu généralement à la descente de la montagne : quelques-uns

tondent avant le départ ; mais cette pratique
est réputée mauvaise. Les moutons donnent,
en raie, 3 kilogrammes 500 gram. de laine ;
les brebis, de 2 kilogrammes 500 grammes
à 3 kilogrammes. Le demi-kilogramme se
vend de 75 à 80 centimes. L'hiver, les troupeaux pacagent dans les vallées et sur les coteaux ; on ne les tient à la bergerie que lorsque
la neige couvre le sol. Le mouton, au retour
de la montagne, se paye, avant la tonte, de
18 à 22 francs ; les brebis, de 12 à 14 francs ;
les bêtes sont alors bien en chair.

Les bêtes à laine du canton de Lourdes
sont des bêtes demi-fines, très-hautes sur
jambes, à tête busquée, à corps bien ramassé ;
ce sont d'excellentes marcheuses, nullement
embarrassées pour faire dix lieues par jour ;
elles pèsent 10 à 12 kilogrammes. Le bélier
commence la lutte à dix-huit mois ; la brebis
porte à deux ans. Les troupeaux partent pour

la montagne vers la fin de mai; ils se rendent dans les vallées d'Estaubé, de Heas et du Marcadau; l'estivation dure trois mois et demi et se paye de 30 à 40 centimes par tête. Trois ou quatre propriétaires s'entendent pour réunir leurs troupeaux sous la conduite d'un berger à qui ils donnent 100 à 120 francs; celui-ci a le droit d'avoir trois ou quatre moutons à lui appartenant, qu'il mêle et soigne avec le reste du troupeau. La tonte a lieu au retour de la montagne, vers la mi-septembre; quelques propriétaires tondent en mars et s'en trouvent bien; la laine, à cette époque, est plus grasse en suint. Les moutons donnent environ 3 kilogr. de laine; les brebis 2 kilogr. Le kilogramme de laine se vend 1 franc 80 cent. Les béliers vivent continuellement parmi les brebis; aussi les agneaux naissent-ils tantôt en octobre, tantôt en novembre, décembre et janvier. L'hiver, les bêtes à laine vivent sur les communaux, les prés, les chaumes; elles rentrent tous les soirs. Quand le temps ne permet pas de les faire sortir, on les nourrit avec du foin et de la paille à la bergerie : les brebis portières reçoivent du regain. On regarde ici l'engrais des bêtes à laine comme une mauvaise spéculation; les vieilles brebis se consomment, en partie, dans le pays, le reste passe en Espagne.

Dans le canton de Saint-Pé, les bêtes du pays sont croisées avec des béliers de choix tirés de Lourdes. Les troupeaux partent à la Saint-Jean pour la haute montagne; ils se rendent, en mai, dans les montagnes qui avoisinent Saint-Pé; l'hiver ils vivent sur les landes communales et rentrent tous les soirs à la bergerie. L'agneau d'élève est sevré à quatre mois; celui d'engrais est nourri avec de la farine de maïs et le lait de sa mère. Les brebis âgées de six ou sept ans sont vendues avec leur toison à des gens du pays qui commencent par les tondre et les livrent ensuite à l'engraissement : par cette opération, ils doublent leur argent. A trois ans, la brebis vaut 15 francs ; le mouton 18 à 20 francs. La tonte a lieu en février et en août ; les brebis nourrices gardent leur laine.

Les bêtes à laine du canton de La-Barthe sont assez fines, mais elles manquent de corps. Le bélier et la brebis sont livrés à la reproduction à l'âge de deux ans. L'agneau tette pendant six mois ; il est châtré à dix. La tonte a lieu à la Saint-Jean. Le mouton donne, en raie, 2 kilogr. 500 gr. de laine ; la brebis, de 1 1/2 à 2 kilogr. Le kilogramme se vend 2 francs. L'été, les bêtes à laine vont pacager sur les chaumes et les communaux ; l'hiver elles pacagent sur les prairies. Quand le mauvais temps oblige à les tenir à la bergerie, on nourrit les moutons avec du foin ; les brebis reçoivent du regain, un peu d'avoine, du son et du maïs. A quatre ou cinq ans, on engraisse les moutons dans les pacages gras, mais ils n'y viennent qu'en chair; après deux ou trois mois de pâture on les vend, dans le mois de septembre, de 12 à 15 francs. L'animal pèse 15 kilogr. environ. On se défait des brebis à l'âge de six ou sept ans ; rarement on les met en chair; on les vend, en moyenne, 9 francs à la foire de Montrejeau.

Dans le canton de Bagnères, les bêtes sont assez fines; beaucoup sont croisées avec des mérinos; le bélier commence la lutte à quinze mois; les brebis portent à deux ans. Les agneaux tettent jusqu'à quatre mois; on les sèvre à un an. Les bêtes partent pour la montagne dans les premiers jours de juin; elles y restent jusqu'à la fin de septembre. Chaque propriétaire fait marquer son troupeau avant le départ. On paye de 25 à 35 centimes par tête pour droit de pacage dans la montagne ; les propriétaires partagent entre eux le fromage provenant du lait des brebis, chacun au pro-rata du nombre des brebis portières qu'il y a envoyées. On tond à la Saint-Jean ; les moutons donnent près de 3 kilogrammes de laine, en raie. Les bêtes à l'engrais sont nourries avec du regain, de la farine de maïs et des pommes de terre cuites.

Dans certaines parties de la montagne, les moutons sont enfermés, la nuit, dans des parcs enclos de pierres ; ils n'en sortent, le matin, que lorsque le soleil a absorbé la rosée.

Dans la vallée d'Aure, certains propriétaires nourrissent quelques lots de moutons chez eux ; d'autres, lorsque les herbes des montagnes sont bonnes à pâturer, vont acheter des bêtes à Tarbes et les envoient dans les montagnes pour y rester jusqu'au 24 août : passé cette époque, les règlements municipaux interdisent l'accès des montagnes aux troupeaux de bêtes à laine. Chaque habitant de la vallée a le droit d'envoyer, sans rétribution, à la montagne, un nombre de bêtes proportionné à l'étendue de terrain dont il est propriétaire ; les bêtes qu'il y introduit au-dessus de ce nombre sont soumises à un droit.

Dans la vallée de Louron, les bêtes à laine vont *à la plaine* (à l'Ile-en-Dodon, à Auch), à partir de la Toussaint; elles reviennent dans la vallée au mois de mai et repartent alors pour les montagnes de Peyresourdes, où elles restent jusqu'au 1ᵉʳ août : depuis cette époque jusqu'à la Toussaint, elles parquent dans la vallée. On donne 5o francs à l'enfant qui garde les bêtes à laine depuis le moment où elles vont dans la montagne jusqu'à celui où elles reviennent dans la vallée. Un homme les conduit *à la plaine* et disperse le troupeau par lots de 25 à 30 bêtes dans diverses métairies : on donne la moitié de la laine des brebis et la moitié des agneaux au métayer pour prix de leur nourriture pendant tout le temps qu'il les garde chez lui ; pour les moutons, le propriétaire n'abandonne que la moitié de la laine.

PORCS.

On connaît deux races de porcs dans les Hautes-Pyrénées : la race anglo-chinoise croisée avec des porcs du Périgord, et la race du Gers ; le département ne possède pas de race indigène. Les porcs les plus répandus sont les périgourdins. Ils sont assez haut montés sur jambes ; l'oreille est droite, la tête fine ; ils sont tout noirs, à l'exception d'une bande blanche qui passe sur les épaules et s'étend quelquefois aussi sur le ventre. Tous les cantons tiennent un certain nombre de ces animaux; leur élevage et leur entretien diffèrent suivant les localités.

Dans le canton de Vic, le troupeau communal est réuni le matin à son de trompe; un porcher, aux gages des habitants, mène les animaux pacager dans les communaux, le long des fossés et dans les forêts assujetties à les recevoir; le soir, chaque animal retourne spontanément à son toit.

Dans le canton de Castelnau-Rivière-Basse, les animaux sont livrés à la reproduction dès l'âge de six ou huit mois. La truie fait deux portées par an, chacune de six à huit petits; on l'engraisse après la troisième portée. Les petits sont sevrés à 4 mois; ils vaguent dès qu'ils peuvent marcher. En général, on s'en défait à quatre ou cinq mois; ceux qu'on garde sont nourris jusqu'au mois de septembre avec des herbages, des feuilles d'ormes, de vignes, et avec des débris de cuisine et du son. A partir de cette époque, on leur donne des glands, du grain, des châtaignes; un mois avant de les tuer, on les achève avec du maïs donné d'abord en grain, puis moulu. Une bête de quinze mois en bon état d'engrais pèse 200 kilogr. et se vend de 130 à 150 fr. Les cochonnets âgés de quatre mois se payent 8 ou 10 fr. suivant que les marchés en sont plus ou moins bien approvisionnés.

Dans l'arrondissement de Castelnau-Magnoac, la truie porte à un an, on l'engraisse à trois ou quatre. Les petits tettent pendant deux mois et demi; on les châtre à trois semaines, un mois; l'engraissement a lieu quand l'animal compte dix-huit mois, il s'opère avec des glands, du maïs, des châtaignes, des pommes de terre; il dure trois mois.

Dans le canton d'Argelès, on ne fait pas d'élèves; les porcs proviennent de la plaine; ils pacagent peu; on les envoie pâturer le long des fossés. L'engraissement a lieu depuis le mois de septembre jusqu'en décembre; la nourriture consiste en glands et en châtaignes. La chair et le lard de ces animaux sont très-estimés. En général, on tue à un an; l'animal vaut alors de 80 à 120 fr. suivant sa grosseur.

A Lourdes, la truie est saillie à six ou huit mois, elle donne deux portées par an, de six petits chacune; on la garde pendant trois ans. Les cochonnets tettent pendant deux mois; cet âge est celui auquel on châtre les mâles; pour les femelles, on attend qu'elles aient quatre ou cinq mois. Pendant leur jeune âge, les animaux, réunis à son de trompe, partent à sept heures du matin, l'été, et à huit ou neuf heures, l'hiver, pour aller pacager dans les communaux, ils rentrent à six heures du soir. L'engraissement a lieu depuis octobre jusqu'en décembre. La nourriture consiste alors en pommes de terre cuites, en maïs cru, remplacé, dans les derniers temps de l'engraissement, par de la pâte faite avec de la farine de maïs et des lavures de vaisselle.

Dans le canton de Bagnères, la truie est saillie à un an, elle donne deux portées chaque année. Pendant l'allaitement, la mère pacage ainsi que pendant le reste de l'année, seulement on lui donne du son détrempé dans du lait; les petits sont sevrés à trois mois. L'engraissement s'effectue avec des pommes de terre, du son et du maïs.

Enfin, dans le canton de La-Barthe, les truies portent à un an. Elles ne fournissent que deux portées avant d'être engraissées.

Chaque portée est de cinq à six petits; ceux-
ci tettent trois à quatre mois et pacagent ensuite dans les communaux; le mâle est châtré à deux mois et demi ou trois mois, la fe-
melle, à six ou sept mois; à cet âge, les jeunes
porcs se vendent de 25 à 30 fr. L'engraissement a lieu lorsque les animaux ont quinze
ou dix-huit mois. On commence à les mettre
en chair au moyen de la glandée; ils reçoivent
ensuite des pommes de terre cuites et du maïs
cru; sur la fin, le maïs est mêlé à l'état de
pâte avec les pommes de terre. L'engraissement dure deux mois et demi; l'animal pèse
alors 120 kilogr. et se vend sur le pied de
100 à 110 fr.

Étax des Forêts appartenant au Domaine et aux communes dans le département des Hautes-Pyrénées.

NOMBRE DE FORÊTS		CONTENANCE DES FORÊTS		TOTAL.	ESSENCES qui les composent.	MODE D'AMÉNAGEMENT.	SERVITUDES dont elles sont grevées.
domaniales.	communales.	domaniales.	communales.				
7	436	15,390ʰ 62ᵃ	49,829ʰ 38ᵃ	65,219ʰ 64ᵃ	Sapin; pin en petite quantité, et hêtre en montagne. Dans la plaine et sur les coteaux, le chêne et le châtaignier.	Jardinage pour toutes les futaies. Les taillis de la plaine et des coteaux sont exploités avec réserve de baliveaux; Et les taillis en montagne, par furetage.	Forêts domaniales : Droits d'usage en bois, pâturage, pacage et coupe de fougère. Forêts communales : Pâturage et pacage en faveur des habitants.

FIN.

TABLE DES MATIÈRES

CONTENUES DANS CET OUVRAGE.

FIN DE LA TABLE.

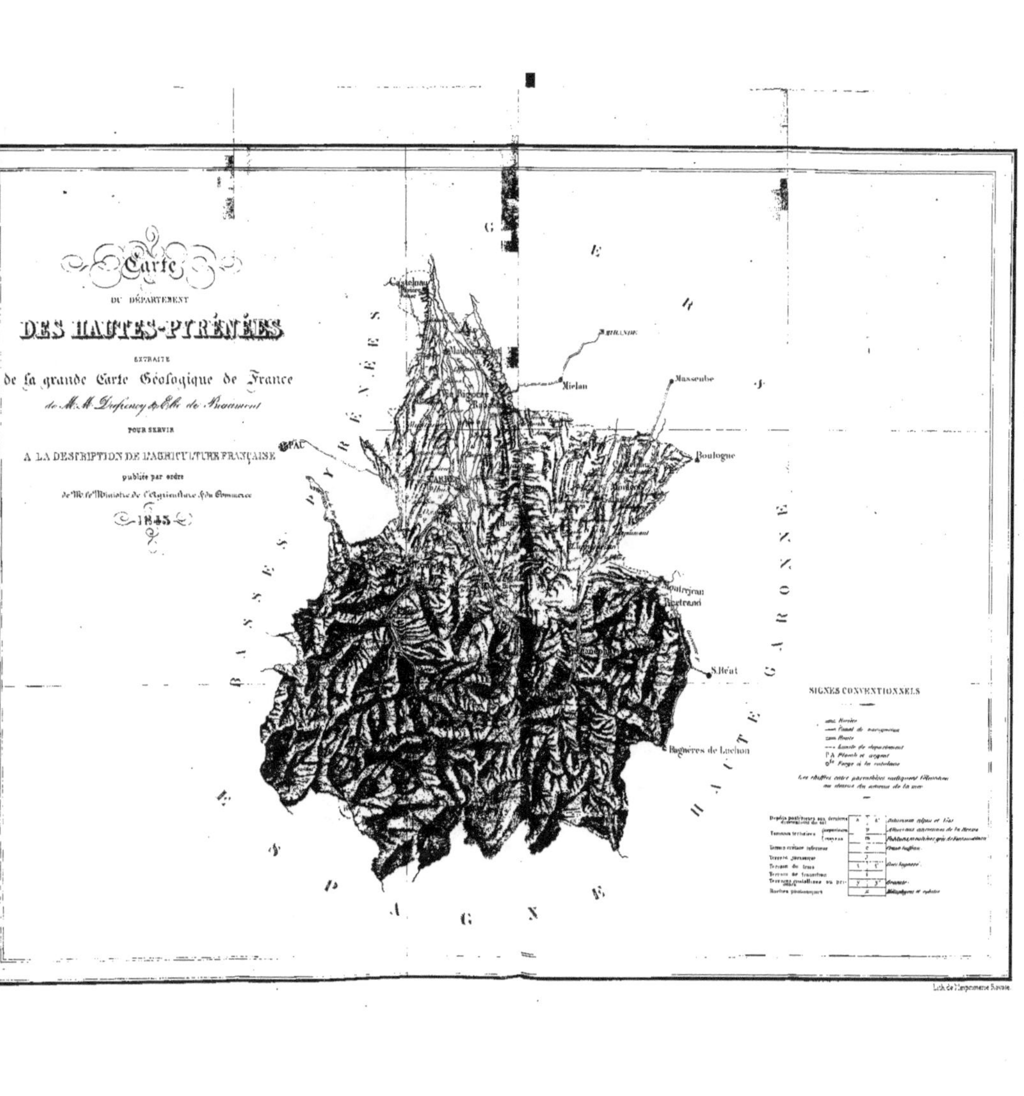

Carte
DU DÉPARTEMENT
DES HAUTES-PYRÉNÉES
EXTRAITE
de la grande Carte Géologique de France
de M.M. Dufrénoy & Élie de Beaumont
POUR SERVIR
A LA DESCRIPTION DE L'AGRICULTURE FRANÇAISE
publiée par ordre
de Mr le Ministre de l'Agriculture & du Commerce
1845
Castelnau
Mielan
Masseube
Boulogne
Montrejean
Bertrand
S. Béat
Bagnères de Luchon
BASSES-PYRÉNÉES
HAUTE-GARONNE
ESPAGNE
SIGNES CONVENTIONNELS
Rivière
Canal de navigation
Route
Limite de département
P.A Plomb et argent
Forge à la catalane
Les chiffres entre parenthèses indiquent l'élévation
au dessus du niveau de la mer
Lith. de l'Imprimerie Royale.

9 782329 361833